U0317192

走近

花港观鱼

应求是　王华胜　著

中国林业出版社

图书在版编目（CIP）数据

走近花港观鱼 / 应求是 , 王华胜著 . -- 北京 : 中国林业出版社 , 2012.8
（园林设计与品赏系列）

ISBN 978-7-5038-6698-2

Ⅰ . ①走… Ⅱ . ①应… ②王… Ⅲ . ①公园—景观设计—园林设计—杭州市
Ⅳ . ① TU986.2

中国版本图书馆 CIP 数据核字 (2012) 第 174307 号

出　　版	中国林业出版社 (100009 北京西城区刘海胡同 7 号)
	E-mail：liuxr.good@163.com
	电话：(010)83228353
	网址：http://lycb.forestry.gov.cn
发　　行	中国林业出版社
	营销电话：　(010)83284650　83227566
印　　刷	北京中科印刷有限公司
版　　次	2012 年 8 月第 1 版
印　　次	2012 年 8 月第 1 次
开　　本	190mm×210mm　1/24
印　　张	13.5
字　　数	260 千字
印　　数	1 ～ 3000 册
定　　价	48.00 元

前 言

　　花港观鱼是著名的现代城市公园。公园充分考虑环境因素，将地形、植物、人文等要素与自然山水有机结合，利用灵活的造园手法营建出主题鲜明的观赏区，是以植物造景为特色的"虽为人作，宛自天开"的园林佳作，对于城市园林绿地的设计与建设具有宝贵的指导和借鉴意义。

　　在花港观鱼里，不同年龄、不同心情的人，都可以找到自己想坐的椅子、看到喜爱的风景，这应该是自然的生命力。为了让更多的人全面了解花港观鱼，了解城市公园如何创造自然，我们拍摄了不同季节公园最美的风光，对经典的植物配置案例进行实地调查并绘制成图，尝试以图片与文字说明相结合的方式介绍公园，从不同角度阐述个人对公园粗浅的认识，旨在引发每个人对园林的深入理解，得到一些启示与启发。

　　园林就像是一本书、一部舞台剧，每个人都会对相同的园林有着自己独到的见解。然而，笔者只是普通的园林工作者，对于花港观鱼的了解也仅限于自己的学识。所以我们将书名取为"走近花港观鱼"，希望能够离公园更近些，希望其中的一些片段能够与大家有一些共鸣，也希望其中的不足之处能够得到大家的批评与指正。

著　者

2012 年 5 月

目　录

图 1-1 公园南入口

第一篇

沿路游览

　　花港观鱼是杭州人熟知的公园。小时候是春游的首选地；到了青涩的年纪，开始对着静谧的湖水发呆、发"愁"；满怀浪漫的时候，在樱花林下淋"花瓣雨"是最美妙的事情；初为人父人母之时，稀疏的树影下孩子们跌跌撞撞地跑在碧绿的草地上，内心充满了喜悦；不惑之年，不管是花开还是花落，都能领略到自然的永恒和生命的力量……

　　青青的草地、盛开的花朵、宁静的湖水、畅游的红鱼、幽幽的丛林、穿梭的水港，在二十公顷的公园中都有着自己的位置。带着对花港观鱼的喜爱，我们漫步公园，享受花草树木，寻找山水之乐。

　　南山路上，紧邻西湖，简洁干净的铺装地前，夕照山、雷峰塔、映波桥、垂柳勾画着西湖的柔情，带着我们来到了花港观鱼公园（图1-1）。

　　走进简洁的入口，碧绿的草坪和一旁的湖水相映成趣，蜿蜒的草坪林缘线仿佛西湖的延伸，吸引着我们一探究竟，脚步不由自主地沿着草坪边的园路走去（图1-2）。

　　蓦然，一抹亮丽的红在林中跳跃，透过树林看去，原来时光不知不觉已到了深秋，林下那一片片红像晚霞印染了整片草地（图1-3）。怀揣着这抹红的神秘，前方翠绿的垂柳带来了清凉的风拂在面颊，让我们看到了春的意趣盎然（图1-4）。

　　柳枝下，淡紫色的小花飘落在水面，引来无限遐想，原来是紫藤花开了。紫藤柔软的枝条或伏向水面，或攀爬到廊架上，垂挂着长长的紫色花序，诉说年轻人的浪漫情怀（图1-5）。

图1-2　收放自如的草坪

图1-3　逆光下的鸡爪槭

图 1-4　春天的柳树

图 1-5　水岸边盛开的紫藤

　　穿越紫藤花架，对岸无患子和鸡爪槭秋季浓郁的色彩在碧绿池水的倒影中显得更加绚丽（图1-6）。

图1-6　秋天的无患子

　　枫叶下成片的杜鹃花盛开着，讲述着春天的故事（图1-7）。

　　穿过枫林，豁然开朗，碧绿的草坪吸引我们投入她的怀抱，人们在草坪上或奔跑或席地而坐，都带着幸福的笑容（图1-8）。

图 1-7 红枫与杜鹃

图 1-8 碧绿的草坪

图 1-9 落满花瓣的溪水

一群粉嫩的小花在紫色的叶上跳动，原来是红叶李在呼唤春天的到来。顺着飘落的花瓣望去，一条浅浅的溪流载着片片粉色花瓣缓缓流入西湖，带走了我们的思绪（图 1-9）。

图 1-10 香樟红枫对景

路的尽头一株大香樟挡在眼前，红枫展开飘逸的枝叶迎接着游客，西湖水隐约在树叶间晃动（图 1-10）。

随着它的指引，沿路一片粉嫩粉嫩的海棠盛开着，空气中弥漫着甜蜜的味道（图 1-11）。

图 1-11 粉嫩的垂丝海棠林

图 1-12 单孔石桥

　　穿越花海，一座缓缓的单孔石桥跨越
花港观鱼密林区的内港，通向热闹的牡丹
亭（图 1-12）。

图 1-13 曲折的湖水与映波桥

站在桥上，雷峰塔、映波桥就在前方，弯曲的水岸线在西湖中与内港有合有分，演绎着独特的江南风情（图 1-13）。

图 1-14 岸边的日本樱花

图 1-15 鸡爪槭林中的小路

图 1-16 牡丹亭

岸边飘逸的鸡爪槭与樱花、垂柳营造着浪漫的气氛（图 1-14）。

走入树丛，鸡爪槭枝条触摸着我们的发梢，小树围绕的座椅安静祥和，不由得你停下脚步小憩一会，欣赏西湖的优雅与宁静（图 1-15）。

阵阵微风吹来，粉红花瓣撒落肩头、挑动着我们的心。走出树丛，一座八角重檐亭呈现在大片草坪后的树丛里，那就是著名的牡丹亭了（图 1-16）。

图 1-17　秋季牡丹亭下的羽毛枫

　　牡丹亭四季都异常美丽，春天，樱花、玉兰、杜鹃、紫藤、牡丹争相开放；夏季，粉红的合欢花轻柔舒畅；秋天，枫树在碧绿的松柏下显得娇艳欲滴；冬季，松柏苍穹的枝干让这座秀美的园林多了一份厚度（图 1-17）。

图 1-18 垂丝海棠与日本樱花

　　牡丹亭边大片的海棠林招呼着我们，林子的尽头是几株高大的
樱花，两种花相互媲美，海棠更加娇媚，樱花更加纯洁（图 1-18）。

透过樱花，一座竹廊在香樟的簇拥下气定神闲，无视四周的繁花，独自散发着竹的清香（图 1-19）。急急地想去竹廊，却先来到了一座名叫"邀山"的滨湖长廊，绣球、鸡爪槭、香樟将长长的花架廊分隔成几段，遮掩着廊子以及廊子外的湖水（图 1-20）。花架廊里，一边是茂密的树木，一边是开敞的西湖，廊子的花格仿佛摄影大师，把西湖的景致框为一张张菲林（图 1-21）。到了廊架的另一端，"邀山"转眼成了"揖湖"，惊叹设计者的独具匠心。

图 1-19 繁花簇拥中的竹廊

图 1-20 长廊前清新的木绣球

图 1-21 长廊中的西湖景致

　　走出花架廊，两团鲜艳欲滴的红遮住双眼，原来是红枫和羽毛枫，吸引我们来到了竹廊（图1-22）。竹廊内清新淡雅，竹廊外的景致却是活泼动人，春天樱花、海棠竞相开放，夏天垂柳、广玉兰带来凉爽的风，秋季鸡爪槭和枫香描绘着油画般的风景（图1-23至图1-25）。

图1-22 竹廊前艳丽的红枫

图 1-23 春天的樱花

图 1-24 夏天的垂柳

图 1-25 秋天的鸡爪槭

图1-26 二球悬铃木与悠闲的白鸽

一群洁白的鸽子飞过，跟随着鸽子我们来到几株高大的悬铃木边，一群白鸽、一小片草坪、几张园椅、一边的小水面，好一处简单而悠闲的休息地（图1-26）。

草坪边缘是几株海棠，海棠林下看到的是黑松、鸡爪槭、红枫、羽毛枫组成的树丛，简简单单的几株树组成的却是精美的画面（图1-27）。

图1-27 迎着游人的红枫

图 1-28　百花齐放的藏山阁草坪

图 1-29　洁白的樱花林

穿越树丛，好一幅繁花似锦的画面，怒放的玉兰、樱花、喷雪花，碧绿的草坪，五彩的草花，让人应接不暇，原来是到了藏山阁（图 1-28）。

绕过草坪，来到了藏山阁的背面，迎接我们的是路两边盛开的樱花，草坪衬托得樱花更加洁白与柔美（图 1-29）。

　　从樱花林下穿过，心境也逐渐浪漫起来。远远望去，湖边嫩绿的垂柳和座椅上的一对老人瞬时让气氛充满了祥和与安宁（图1-30）。

　　湖边也有一片樱花，樱花以雪松为背景，或紧挨着雪松，或倾向草地，像一群活泼的孩子在草坪上玩耍（图1-31）。

　　前方一片高大密实的广玉兰矗立在路边，不知道树的另一边是什么样的。（图1-32）

图1-30 垂柳下安宁的老人

图1-31 雪松与盛开的樱花

图1-32 广玉兰埂道

　　绕过树丛，是大片的红鱼，兴奋地喂着鱼儿的人群以及池边金黄的柳丝，游人显得更加欢快，鱼儿显得更加鲜艳（图1-33）。

　　好不容易穿过人群，来到了曲桥的另一端，映入眼帘的是紫藤小岛、竹廊和盛开的樱花，让人不知该往哪里走（图1-34）。

　　樱花独特的韵味引得人们驻足留影，寻着花瓣，一株树皮斑驳的白皮松挺立在石桥边（图1-35）。

图1-33 热闹的红鱼池

图1-35 红鱼池边的白皮松

图1-34 日本樱花与紫藤小岛

图 1-36 中心岛上的黑松与鸡爪槭

挺拔的白皮松和岛上黑松有力的枝干支撑着小岛，鸡爪槭、杜鹃伏向水面，招呼着对岸的海棠（图 1-36）。

看了热闹的红鱼池，一侧幽静的树林吸引着我们，不由自主地走入那片绿（图 1-37）。

图 1-37 幽静的树林

图 1-38 悬铃木、合欢草坪

图 1-39 夏日的合欢

图 1-40 山茶花

经过一片密实的树丛，眼前豁然开朗，几株高大的悬铃木似曾相识，却显得更加安静（图 1-38）。

几个老人静静地坐在树下，看着不远处盛开着粉色花朵的合欢，夏天变得清凉了，烦躁的心也得到了平静（图 1-39）。

远远的，艳丽的红绽放在碧绿的枝叶之上，是路边的山茶花盛开了，春天的脚步慢慢临近了（图 1-40）。

走到这里，累了、乏了，沿着密林中缓缓流淌的湖水，出了西门。

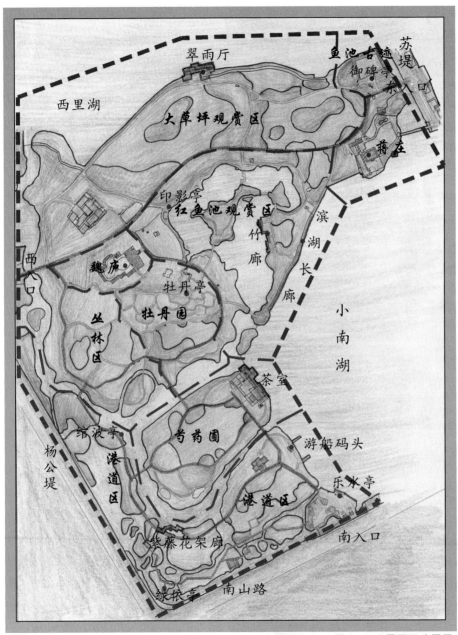

苏堤

翠雨厅

鱼池古迹亭茶

御碑

西里湖

大草坪观赏区

蒋庄

东入口

印影亭

红鱼池观赏区

竹廊

滨湖长廊

魏庄

西入口

牡丹亭

牡丹园

丛林区

小南湖

茶室

缩波亭

港道区

芍药圃

港道区

游船码头

乐水亭

杨公堤

紫藤花架廊

南入口

绿荫亭

南山路

图 2-1 公园平面分区图

第二篇

分区欣赏

　　我惊叹！惊叹公园的简单，没有多少精细的建筑、小品，没有刻意修剪成型的树木，没有太多花哨的盆栽与花卉，带来的是纯净与自然；惊叹公园的丰富，公园处处带来惊喜，同样的树木有着不同的景致，不同的心情有着同样的归属感；惊叹公园的自然，公园的山水树木与西湖山水融为一体，没有人工雕琢的痕迹，虽为人作，宛自天开；惊叹公园的奇特，在公园内人与心都自然跟随着花草树木而走，不用导游不用图依然能够看全风景；惊叹公园的巧妙，植物如何能画出如此美妙的画卷，而几十年前设计师又是如何掌握这些植物的生长规律的……

　　怀揣着这些惊喜、这些疑问，对着导游图，我们尝试着去了解花港观鱼的树木与山水是怎样营造这多彩而自然的空间的。

　　花港位于苏堤和杨公堤之间，西靠层峦叠翠的西山，北临西里湖、东临小南湖。两部分水体贯穿公园，将公园融入西山与西湖。西侧和南侧的狭长水体与山体相连，将山水引入西湖，形成幽静的"港"的水面特征。公园中心的红鱼池水面设计一大一小两个岛，用四座桥相连，营造岛中有水、水中有岛的格局，形成大小不一的三个小水面，水面南侧与公园其他水体一同融入西湖（图2-1）。

　　狭长的水港将公园自然地分为北、南、西、中四大块绿地，绿地自西向东、自内向外，空间由密而疏逐渐穿插、过渡，形成自然的变化，控制游览的节奏。北面绿地面积最大，包括红鱼池观赏区、大草坪观赏区和牡丹园观赏区三大部分，是公园最热闹的区块。红鱼池和牡丹园观赏区是公园的中心。红鱼池曲折的岸线围绕着中心岛，分布着可游可赏可憩的多个景点，以观赏红鱼和丰富的观花植物为主。牡丹园观赏区是公园的另一处精华，牡丹亭建在山坡顶部，四周缓坡布置的是精致而自然的岩石园，配置着高低错落的观赏植物，展示植物与岩石的有机结合。红鱼池的北面是大草坪观赏区，宽阔的草坪面对着西里湖，将西湖景致引入公园，高大的雪松将草坪上活动的身影掩映在树林中。

　　花港在建国前夕，只剩一池、一碑、三亩地。这一池、一碑位于现公园东入口的北面，一座内有石碑的四方亭，近一亩地的古方池，以及环绕周边的绿地，就是鱼池古迹观赏区。

　　牡丹园观赏区西面的绿地与杨公堤相邻，该区块利用原有的丘陵、坡地，应用乡土植物，模拟本地的常绿、落叶阔叶植物群落，配置成以丛林为主要植物群落形式的观赏区，为丛林观赏区。

　　公园的中部是由溪流环抱的芍药圃。芍药圃由平整的草坪和鸡爪槭、红枫等植物组成的树林，整个园区宽阔而大气。芍药圃西面以及南面是曲折的港道围合的空间，与杨公堤及南山路相邻。此处绿地由众多的绿岛组成，大小不一的绿岛上树林茂密、水港幽深，林港交错的绿地中还隐藏着面临南山路的公园入口，是公园最幽野的空间——港道观赏区。

1 芍药圃观赏区

芍药圃观赏区在公园的中部，是四面被水环绕的一块绿地，面积约为一万五千平方米。园区西密实，东疏朗，由三座桥与各处绿地相连，北接牡丹园观赏区和密林区，南接南入口观赏区，西接港道观赏区，东临小南湖。芍药圃只有一组临小南湖的二层建筑，园路环绕草坪而设，连通三座桥形成环线（图2-2）。该观赏区为延长牡丹的观赏期，选用在牡丹花后盛开的，与牡丹外形极为相似的芍药为主要观赏植物，配以红枫、鸡爪槭、羽毛枫等五月观赏性较好的植物，高层应用薄壳山核桃、无患子、乐昌含笑、雪松等植物，展现晚春娇艳的植物景观以及秋季绚丽的色彩。该观赏区以芍药为主要观赏植物，槭树科植物为基调树种，杜鹃、乐昌含笑为主要配景植物，协调着各个区块绿地的植物景观。绿地中心是近六千平方米的大草坪，北面狭长的绿地被主园路分隔为东西两部分，西面以红枫为主要观赏树种，东面以海棠为主要观赏植物；南面被园路环绕成三块绿地，鸡爪槭、红枫林为主景，光照充足处栽植芍药，临水栽植枫杨、垂柳、南川柳、紫叶李等植物，展现槭树、芍药、杜鹃与港道景观（图2-3至图2-5）。

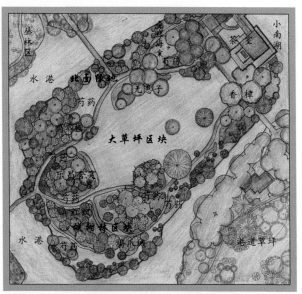

图2-2 芍药圃观赏区总平面图

图 2-3 乐昌含笑草坪

图 2-4 鸡爪槭林春景

图 2-5 水岸景观

1.1 大草坪区块

　　大草坪区块由四组树丛和几株稀疏的大乔木组成。西面为密实的乐昌含笑与红枫、鸡爪槭林树丛，呈中心高两边低的立面结构，自西向东分别为红枫、乐昌含笑、红花檵木（图2-6、图2-7）。高大的乐昌含笑被两边植物共用为背景树，从东面观赏乐昌含笑与红花檵木、草本花境是草坪的背景，从西面路口游览，红枫、鸡爪槭、乐昌含笑树丛是对景与障景。该区块的林下与林缘配置了芍药、杜鹃和常春藤，分别应用于各自合适的光照条件下，点明芍药圃观赏区的主题（图2-8）。

图2-6 乐昌含笑林东面景观

图2-8 草坪整体效果

图2-7 乐昌含笑林平图

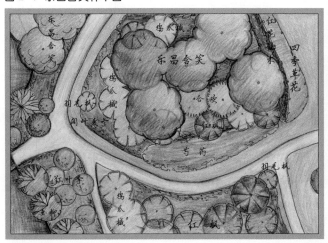

图 2-9 无患子林秋色

草坪北面的中部是无患子、合欢、桂花、红花檵木树丛，树丛是北园路的对景，在西面和北面配置了草花花境，呈东高西低的结构（图 2-9、图 2-10）。桂花和红花檵木起到遮挡视线、空间分隔的作用，无患子和合欢产生天际线的变化。从西面园路观赏，该树丛掐着园路而设，起到空间开合的作用，诱人前往；从南面草坪观赏，树丛形成背景，围合草坪空间。（图 2-11）草坪南面的中部是雪松、鸡爪槭树丛，与草坪西南面的槭树林呼应，形成空间的交错与变化，以及草坪林缘线的变化。

图 2-10 无患子林平图

图 2-11 无患子树丛西面园路的空间开合

1.2 槭树林区块

芍药圃观赏区的南面绿地近四千平方米，包括槭树林和沿湖绿地两部分。槭树林配置槭树科植物与芍药、杜鹃，或在雪松的背景下展现春季枫叶的娇艳，或与杜鹃、芍药配置成景展现花团锦簇的画面（图2-12）。该区块所用植物种类不多，却营造出简而不单的空间。红枫、鸡爪槭和羽毛枫是该园区的骨干植物，红枫与鸡爪槭混植可增加树丛的色彩，羽毛枫与红枫、鸡爪槭搭配会产生形态上的变化（图2-13）。

图2-12 春季，娇艳的红枫与杜鹃配置成景

图2-13 红枫与羽毛枫形成色彩与姿态的变化

图 2-14 秋季，槭树的叶色与质感产生强烈的对比

图 2-15 槭树林平面图

春季，不同规格的红枫、鸡爪槭片植，远观色彩浓郁，近看有色彩变化，林下游览时，逆光下的枫叶特别透亮，苍劲的树枝与透亮的叶色形成鲜明的对比，使景观更加靓丽动人。秋季，成片的红色与有力的黑色枝干，给人以震撼的感觉（图 2-14、图 2-15）。

该区块还常在槭树林前配置羽毛枫，羽毛枫低矮的树形是树丛很好的过渡，减弱了树丛的压抑感，且不影响树丛的整体性。早春，嫩绿色的羽毛枫、鲜艳的红枫在浓绿的雪松背景前，独具观赏性（图 2-16、图 2-17）。

图 2-16 羽毛枫翠绿的叶色在红枫与雪松的对比下显得更加娇嫩

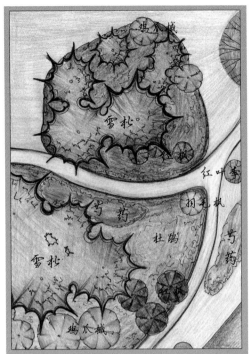

图 2-17　雪松、槭树林平面图

绿地中的槭树科植物通过不同空间的应用、与园路关系的变化以及光线条件的变化，展示色叶植物的美的多样性。园路穿过林下，枝叶舞弄发梢，给游人以亲切宜人的感受；从林带的北面绕过，逆光下的叶片透亮可人，描绘着亮丽的风景；一边是槭树林，一边是芍药、水岸与婀娜的垂柳，景致特别地温馨；当蜿蜒的园路穿过草坪、芍药、杜鹃与槭树林，前方是高大的乐昌含笑与红枫时，天空显得更加灿烂（图 2-18、图 2-19）。

图 2-18　乐昌含笑与红枫产生体量与色彩的对比

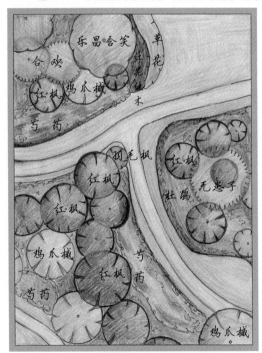

图 2-19　槭树、杜鹃林平面图

图 2-20 水岸边的芍药

图 2-21 早春粉色的红叶李

图 2-22 岸边无患子、鸡爪槭的配置

芍药圃的林下与林缘植物以芍药和杜鹃为主，阳光充足之处栽植芍药，半阴之地选择杜鹃，是因为杜鹃花期在芍药之前，可延长绿地的观赏期。槭树林的外围是沿着港道的狭长绿地，绿地沿水边栽植南川柳、垂柳、野蔷薇、紫藤、云南黄馨等植物，映衬涓涓溪水，在草坪中间设芍药圃供游人观赏（图 2-20）。该绿地沿岸边的主要配置方式是向水面倾斜种植的稀疏的垂柳或南川柳，垂柳之间或三株或五株小片栽植紫叶李，护岸岩石边配置云南黄馨、野蔷薇、紫藤等植物。垂柳和南川柳突显港道景观。紫叶李在早春绽放自然而具有野趣的粉色单瓣小花，在夏季丰富园区色彩（图 2-21）。云南黄馨、野蔷薇和紫藤柔化硬质河岸，并在不同时期开花，岸上与水中的花相映成趣，营造落花流水的意境。该区域所栽的植物从二月底三月初开始慢慢进入观赏期，直至五月芍药、野蔷薇开花，小小一片绿地春季观赏期长达三个月。

河岸的西南面有一处绿地，沿湖栽植了无患子、红枫与紫叶李。秋季金黄色的无患子与艳丽的鸡爪槭在蓝天下色彩特别鲜艳，同时还将在背面的槭树林引至水边（图 2-22、图 2-23）。沿湖绿地的东端，是小片香樟林、紫叶李、芍药组成的空间。"丁"字路口掩映在四株高大的香樟中，林下含笑、桂花等常绿植物围合出一片密实的空间，栽植了小片的紫叶李，紫叶李林下与林缘设置芍药圃，让游人在早春与暮春时节都可以享受到花的娇媚。

1.3 北面绿地

芍药圃观赏区的北面绿地约三千平方米，分为西面与东面两部分。西面部分与草坪区块呼应，栽植乐昌含笑、红枫、鸡爪槭，林下栽植芍药，沿湖栽植南川柳、垂柳等植物。该绿地的东北角紧邻桥端，种植海棠、日本樱花、桂花等植物与东面绿地相呼应。绿地的中部留出几百平方米的草坪空间，与大草坪相连，形成空间的互相渗透。东面部分以垂丝海棠为主要观赏植物，配置广玉兰、桂花、红枫、鸡爪槭等植物，营造出芍药圃中较为特殊的空间（图2-24、图2-25）。

图 2-23　鸡爪槭鲜红的叶色遥相呼应

图 2-24　成片的垂丝海棠展现着浪漫的春意

图 2-25　桥边的日本樱花格外引人注目

2 丛林观赏区

芍药圃往北，过桥后就可到达公园的丛林观赏区。丛林观赏区位于牡丹园以西、芍药圃以北、杨公堤以东，与杨公堤之间有水港相隔，地势为西北高、东南低。观赏区应用乡土植物形成自然的树丛，林下配置山茶、桂花等常绿植物分隔空间，局部应用广玉兰、日本樱花等观赏植物与公园基调相吻合、活跃空间，是一处动静结合的观赏区。为减少城市道路对公园的影响，观赏区的外围以密林为主要的树林形式，局部围合出开阔的小空间，供游人游览休憩，是一处幽静而不冷清的区域（图2-26、图2-27）。

丛林观赏区主要由西入口，悬铃木、合欢草坪，樱花林，绿岛，广玉兰草坪等几部分组成。

图2-26 二乔玉兰活跃了二球悬铃木草坪

图2-27 丛林观赏区内灵动的空间

图 2-28 鸡爪槭新叶近景

2.1 西入口

花港观鱼公园在杨公堤处的西入口，是进入公园游览密林景观、乡野港道的最佳选择。西门的建筑风格与六十年代国宾馆入口形式相近，由独立柱，伞形花架、景墙、门卫室所组成，材料选用了青石、青砖、斩假石、灰板瓦等江南传统建筑元素。这个入口在密林的衬托中显出幽静而雅致的特点。

由西大门入园，既是一座钢筋混凝土结构、青石装饰的平桥，宽约为三米五，桥栏雕有莲花图案，为出入西门的必经之桥。桥上可观港道边树木成林，一株鸡爪槭临水而植，嫩绿的新芽与纤细的枝干在穿过枝丫的阳光下，与水波相互辉映（图2-28、图2-29）。

图 2-29 西入口水港秋色

2.2 悬铃木、合欢草坪

丛林区内两千平方米的悬铃木、合欢草坪是一经典之作，草坪是西北高、东南低的缓坡。西北面是一株香樟、一株广玉兰、一株鸡爪槭和片植桂花形成的三角状树丛，树丛南边是种植在草坪上的 6 株合欢，东面是 7 株栽植在卵石铺地上的悬铃木。悬铃木树形高大，种植于最低处，守住东侧，利用稀疏的枝干形成帘影，隐约透出背后的草坪，林下大卵石铺地是典型的"灰空间"，自然形成休息场所（图 2-30 至图 2-32）。合欢处于西南侧地势稍高处，相对弱小的树形在高处与悬铃木两两相对，平衡空间。

图 2-31 夏季的合欢与草地

图 2-32 二球悬铃木林下飘散的落叶

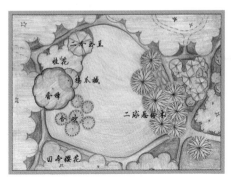
图 2-30 二球悬铃木、合欢草坪平面图

图 2-33 整片的日本樱花林

2.3 樱花林

七百多平方米的樱花林位于悬铃木、合欢草坪的西南面，由园路环绕而成。东、西两侧一大一小的两处日本樱花栽植得疏密有致，中部留出自然的草坪空间。从远处观赏为整片樱花林，而走近之后又有空间的变化与游赏的角度。樱花林内还穿插栽植了几株二乔玉兰，使得樱花更加洁白。樱花林下是二月兰，优雅的蓝色在此处将孤傲的樱花融于自然之中，更显出樱花的亲和力（图2-33、图 2-34）。

图 2-34 日本樱花与二月兰、垂丝海棠展示着热闹的春意

图 2-35　岛中的日本
樱花更有野趣

图 2-36　剑叶金鸡菊与紫叶桃

图 2-37　花海中快乐的学生

2.4 绿岛

　　樱花林往南走，过了汀步是接近一千三百平方米的半自然小岛。岛上环绕着乐昌含笑，栽植了樱花、紫叶桃等观花小乔木，林下随意栽植的剑叶金鸡菊、二月兰慵懒地将枝叶与花斜躺在路面上，确有忘记世事纷扰的情怀（图 2-35、图 2-36）。从小岛的另一端走出，星星点点的樱花从乐昌含笑林中探出，逐渐多了，而欢笑声也慢慢传入耳中，洁白的樱花飞于蓝色的二月兰上，引来洁白的婚纱也穿梭与樱花林间，世间的美好尽在眼前（图 2-37）。

图 2-38 变化的广玉兰草坪

2.5 广玉兰草坪

　　樱花林的北面，有一处园路环抱，两千多平方米的绿地。绿地西面成丛栽植广玉兰，形成密实的高绿墙，阻挡杨公堤的喧闹。绿地的东面应用桂花围合空间，在路口等位置点缀鸡爪槭，营造虚实与色彩的变化。从环绕的园路上游览，是一片密实的树林，从南面一株广玉兰处绕进树丛后，豁然开朗，是一片三百多平方米的草坪。周边密实的树林将草坪空间隐藏得十分隐秘，是应用植物围合空间的典范（图 2-38、图 2-39）。

图 2-39 广玉兰草坪平面图

3 牡丹亭观赏区

牡丹园观赏区位于花港公园中部，西面与北面是缓坡密林，东面是红鱼池观赏区，南面是二三十米宽的港道。园区的地形为西面和北面高，向南面逐渐平缓。该园区的空间结构非常清晰，中部是山坡上的牡丹亭区域与平缓开敞的草坪，四面都由密林围合。自然形成北面牡丹亭主景、中部草坪前景、西面缓坡密林过渡区、南面鸡爪槭林分隔区四部分（图 2-40）。主景牡丹亭区块是围绕着牡丹亭南面缓坡，放置岩石，种植松柏、鸡爪槭、红枫、羽毛枫、樱花、玉兰、梅花、牡丹、杜鹃、紫藤等植物，配置成的以牡丹为主要观赏植物的岩石园。牡丹亭的北面、西面与密林区相连，植物配置较为密实，自然过渡至牡丹亭主景区。中部是面积约两千五百平方米的草坪，应用高大的珊瑚朴、沙朴、香樟等支撑着草坪景观，种植鸡爪槭统一牡丹亭周边的植物风格，与牡丹亭的植物既有呼应又有区别，形成空间的主次与植物景观的过渡。草坪南面是鸡爪槭、桂花林，密实的树林与草坪一起围合出牡丹园的主观赏面（图 2-41 至图 2-43）。

图 2-40 牡丹园平面图

图 2-41 牡丹亭近景

图 2-42　牡丹亭丰富的植物

图 2-43　牡丹园南槭树林春景

图 2-44 卵石园路逐渐隐在林间

园区内的园路是划分空间、连接不同景区的主要工具。两米五宽的石板园路沿着草坪南面形成半包围的形态，连接着密林区、芍药园与红鱼池。两米宽的冰裂纹园路沿着地势而走，自然形成牡丹亭区与草坪区的界限。园区内的游览园路主要是牡丹亭内的卵石路与南面槭树林内的冰裂纹园路。牡丹亭区域内交错的一米一宽的卵石园路将缓坡分割成一百至三百平方米的十多处绿地，互相借景、错落配置的植物将园路隐在山坡中（图 2-44）。南面一米五宽的园路沿岸而设，躲藏在树林下。牡丹亭是一座精湛的木制八角重檐亭，建于牡丹园缓坡上，坐落在观赏区北面的制高点，是该观赏区唯一的建筑。亭子具有清式建筑特征与风格，精美的牛腿挂落雕花、回纹美人靠式坐凳、石质仿京砖地坪，以及深棕色为基调的色彩，稳稳地立在在盆景般的植物中（图 2-45）。

图 2-45 植物簇拥着的牡丹亭

3.1 牡丹亭区块

牡丹亭区块在牡丹园观赏区是主景观，如诗入画般的景物、疏密有致的空间、迂回的园路、精致的植物，是牡丹园观赏区的特点。牡丹亭区块是公园内最精致的景点之一，从南面草坪观赏，形态各异的植物组成盆景般的风景；走在牡丹亭坡地的卵石园路内，有着步移景移的精彩画面。

3.1.1 植物选择的科学性与艺术性

牡丹亭的植物选择特别重视科学性。牡丹是传统的观赏花卉，花大色艳，素有"花中之王"的称号。但是牡丹对生境要求高，深根性肉质根怕积水，适宜疏松肥沃、排水良好的土壤；性喜阳但是不耐夏季烈日暴晒。根据牡丹的这些生态特性，牡丹亭区域将牡丹种植区域设置在坡地上，避免土壤的积水。在栽植牡丹的范围内，大乔木应用很少，选择树形疏朗的黑松作为主要的第二层乔木树种，尽可能减少对牡丹采光的影响，还为牡丹亭的冬季观赏效果提供保障。牡丹亭的中层植物选择红枫、鸡爪槭、梅花、樱花等枝叶较为松散的落叶植物，在冬季与早春为牡丹提供充足的光照，在夏季为牡丹遮挡灼人的阳光（图2-46至图2-48）。

图 2-46 牡丹亭的大乔木主要作背景植物

图 2-47 春季，紫藤、杜鹃、牡丹依次开放

图 2-48 牡丹一般种植在坡地上

图 2-49　早春盛开的日本樱花

图 2-50　二乔玉兰在针叶植物的映衬下特别醒目

　　牡丹亭的植物选择更加注重科学性与艺术性的结合。牡丹亭植物选择是围绕着牡丹对环境的要求以及牡丹盛花期时的观赏效果而定。杭州牡丹花期一般在四月中旬左右，因此选择四月中旬为最佳观赏期的槭树科植物、杜鹃、紫藤等作为牡丹的配置植物。为延长园区的观赏期，选择了二乔玉兰、日本樱花、梅花点缀在园区中（图 2-49、图 2-50）。

图 2-51 岩石、园路与植物的有机结合

　　从每年的二月底开始，观花植物逐渐开放，直至四月底、五月初，杜鹃花开放，达到牡丹园的观赏最佳时期，使得牡丹亭区块在春季的观赏期延长至两个月左右。为营造适合牡丹生长的环境条件，牡丹亭区块的高层乔木与中层乔木都选择了枝叶稀疏的植物材料，其视觉效果都比较轻盈。为与厚实的坡地景观相协调、与牡丹亭的体量相适应，牡丹亭区块的底层植物选择常绿、枝叶密实、叶色浓绿的龙柏、火棘、构骨、铺地柏、瓜子黄杨、日本五针松等植物，与岩石、园路紧密咬合，将岩石与园路隐藏在植物中，弱化了园路（图 2-51）。

图2-52 沿阶草与山石、牡丹的紧密结

图2-53 红枫下紫藤过渡至地面

图2-54 梅、松结合山石，在坡地上营建出立体的景观

3.1.2 植物种植设计的科学性与艺术性

牡丹亭植物种植设计也是注重科学性与艺术性的结合。牡丹亭的植物主要分主景植物、高层乔木、中层配景植物、底层配景植物与山石植物几大类。牡丹亭的主景是牡丹，所有的配置围绕牡丹而设计，与牡丹处于同一观赏期，大量应用并成为景观单元主体的植物是主景植物，主要有红枫、牡丹、杜鹃。高层乔木形成树丛高度的过渡与变化，有香樟、合欢和二乔玉兰。中层配景植物为配置景观单元或者分隔空间而用，有黑松、日本五针松、龙柏、构骨、瓜子黄杨、桂花等。底层配景植物是在不适合牡丹生长的部位，应用的地被植物材料，主要有沿阶草、红花酢浆草、中华常春藤、忽地笑、茶梅、络石、薜荔、扶芳藤、洒金东瀛珊瑚等。山石植物是与山石紧密结合而配置的植物材料，主要有南天竹、沿阶草、迎春、羽毛枫、铺地柏等（图2-52至图2-54）。

图 2-55　正南面的主叠石稳稳地托住牡丹亭

牡丹亭位于山坡上，植物种植设计重在与地形、岩石的搭配。牡丹园整体高度在五米左右，山坡堆叠岩石，既有挡土的作用，又形成形态各异的种植池，还单独成主景或与植物配置成景，增添游览中的趣味。山石在牡丹亭的南面缓坡中以卧石和局部的竖石点景为主，在正南面有一组几十平方米的叠石形成主景，是牡丹亭的基石，也成为牡丹亭的主景的重要部分（图2-55）。在西北坡中一组山石叠为水景，营造流水潺潺，只闻水声不见水景的意境，是为配景。在牡丹亭南的草坪中，点缀几组山石，与低矮的植物结合，形成山的余脉，是巧妙的收官之笔（图2-56）。

图 2-56　草坪上微露的湖石是山的余脉

图 2-57 夏季，不同的绿色组成牡丹亭的景致，盛开的合欢成了主景

　　牡丹亭缓坡以松柏为骨架，红枫、牡丹、杜鹃为主景，结合岩石配置紫藤、羽毛枫、铺地柏、沿阶草等植物，点缀梅花、樱花、玉兰，形成一组组树形独特、叶色各异、繁花似锦的景致（图 2-57）。

图 2-58 中低层的常绿植物使得冬季的牡丹亭景观依然苍翠

园区内卵石园路穿插其中，坡地被分隔成十几块小绿地。远远望去，园路隐藏在精美的植物中，似一座精美的植物大盆景。整个园区西面与密林区相连，背景密实，应用红枫、羽毛枫为主要观赏植物，成为春季色彩最为艳丽的区块。中部背景植物少，应用黑松、平头赤松、五针松、龙柏、构骨等常绿小乔木为主要观赏植物，与山石、牡丹亭共同组成主景，常绿乔木浓绿的叶色反衬牡丹娇嫩的花枝，同时避免冬季牡丹亭前过于萧条（图 2-58）。东面区块与红鱼池相邻，利用中部乔木为背景，应用二乔玉兰、黑松、罗汉松、红枫、白皮松等植物沿路配置成西高东低的植物群落，并留出一定的草坪空间，将植物配置的风格逐渐过渡至红鱼池观赏区。

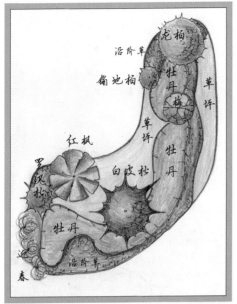

图2-59 长弧状绿地平面图

牡丹亭每一组空间，均由高低不同的多种植物配置而成，面积有大有小，形式也非常丰富。牡丹亭东南角入口处，约一百八十平方米的长弧状绿地，中间贯穿着六十多平方米的牡丹，白皮松、红枫、罗汉松、梅花、龙柏各一株点缀其中，营造天际线的变化和空间的变化（图2-59、图2-60）。白皮松最高，与红枫一起围合出西南部空间，配置成由白皮松、红枫、罗汉松、牡丹、迎春等植物组合的小景。东面，利用绿地坡度将背后的红枫引入，营造出牡丹前景，梅花中景，白皮松、红枫、龙柏背景的植物景观。在绿地的另一端，梅花、龙柏与牡丹组成温馨、亲人的小空间（图2-61）。

图2-60 白皮松、红枫形成天际线与色彩的变化

图2-61 梅花盛开时

图 2-62 马鞍形绿地平面图

　　牡丹亭的正南面是主观赏面，由马鞍形绿地、叠石与卵石铺地组成。空间特点鲜明，叠石主要集中在中部向北缓缓延伸至游园小径，向南与卵石铺地相接，为游人观赏与留念所用；两端配置的植物以低矮的为主，为留出视线观看牡丹亭而设（图 2-62）。绿地整体是东高西低、东密实西舒缓的空间格局，以牡丹为主要观赏植物，牡丹的北面应用龙柏、构骨、日本五针松、羽毛枫等植物构建木本植物的骨架，底层配置铺地柏、日本海棠、金丝桃等植物，石缝中嵌入书带草、迎春，形成较为精致的山石与植物密切结合的区块（图 2-63）。绿地东边植物以球形为主，用龙柏做骨架，配置羽毛枫与构骨。西边以造型植物为主，用日本五针松为骨架，搭配羽毛枫、构骨。该区块用木本植物与缓坡上的其他植物进行整体配置，用底层植物协调植物景观，营造出可观可赏可游可憩的空间。

图 2-63 牡丹花与牡丹亭

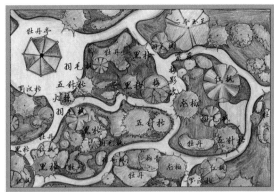

图2-64 "品"字形绿地平面图

图2-65 红枫、赤松与杜鹃勾出丰富的层次

　　马鞍形绿地北面是倒"品"字形的三块绿地，这三块绿地均以造型松柏为主要观赏植物，以正南面为主要观赏面与牡丹亭相映成趣，打造盆景园式的山石园林（图2-64）。其间根据空间的大小以及与牡丹亭的立面关系，穿插种植红枫、鸡爪槭、羽毛枫，丰富立面的形与色，底层配置牡丹、杜鹃为主的低矮灌木，形成冬季苍劲有力、春季百花齐放、夏季绿树成荫、秋季枫叶灼灼的主立面观赏效果（图2-65、图2-66）。

图2-66 赤松单独成景

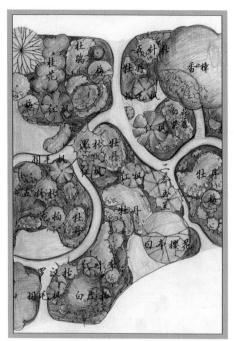

图 2-67 牡丹亭西面绿地平面图

牡丹亭的西面与密林区相连，植物空间相对密实。草坪北面有一块倒"L"形的绿地，以乔木为主要的观赏植物，形成较为密实高大的空间，成为与密林区的过渡（图 2-67）。一株日本早樱和一株鸡爪槭守住两个路口，成为该区块的主景，内部空间多应用槭树科植物，展现春季的色彩（图 2-68）。二乔玉兰、红枫和黑松成为组景的重要植物。绿地的北端，一株黑松两株红枫错落搭配，黑松苍劲的枝干与红枫鲜艳的叶色形成鲜明的对比，是春季该空间最为靓丽的一景（图 2-69）。

图 2-68 路口的日本樱花

图 2-69 黑松与红枫对比鲜明

图 2-70 红枫、白花紫藤与牡丹配置而成的植物景观

图 2-71 红枫、羽毛枫、白花紫藤组成的灵活空间

牡丹亭缓坡内唯一的大乔木是一株香樟，位于亭子西侧二十五米处。近三百平方米的绿地仅有香樟、合欢、构骨、黑松、日本五针松、羽毛枫、紫藤、白花紫藤各一株，红枫两株，其余均为地被植物（图2-67、图2-70）。绿地内分为两个空间，香樟、构骨、合欢利用树形与色彩的差异，配置为错落的树丛，林下配以杜鹃，形成半封闭的树林，围合出以低矮的红枫、羽毛枫、紫藤、白花紫藤为主要观赏植物的观赏与活动空间。红枫、紫藤、白花紫藤为一组，稍远处种植羽毛枫一株以呼应，两组植物之间留出"几"状的铺地，形成松散却别致的游赏空间，可以围绕红枫与紫藤细细观赏，也可学孔雀，停留此处享受美景（图2-71）。

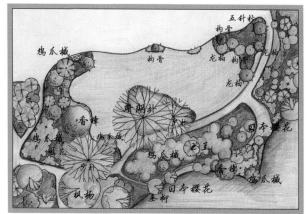

图 2-72 中部草坪与南面槭树林平面图

图 2-73 稀疏的高大乔木、槭树林与远山组成完美的空间

图 2-74 贴地生长的灌木与草坪紧密结合

3.2 中部草坪

牡丹园观赏区中部是面积两千五百平方米的草坪。草坪西段与密林区相接，一株榔榆与一株香樟撑起西面的天际线；交错的鸡爪槭林与桂花林是密林区的合欢、悬铃木草坪和牡丹园观赏区的极好的分隔带；林缘种植的牡丹与芍药延续了牡丹亭的植物景观（图 2-72、图 2-73）。草坪的南侧中部，栽植了珊瑚朴与沙朴各一株，一大一小搭配成景，是草坪中的"灰空间"，既能透过枝丫探牡丹亭景观诱人前往，草坪又不会过于开阔，还是园路南面鸡爪槭林的背景。草坪的东面是龙柏、杜鹃、构骨、铺地柏等整形植物与岩石结合的景观，植物贴地生长，与草坪自然结合；龙柏生长至园路中，极具趣味；植物高低配置，独具匠心（图 2-74）。

图 2-75 一侧密实的鸡爪槭林将游人视线自然引至草坪空间

图 2-76 大气的牡丹亭整体景观

图 2-77 透过鸡爪槭枝叶的牡丹亭十分细腻

　　草坪区块最大的特点是环着草坪周边的园路游览，所形成的步移景移的观赏特性。东面的造型植物是丁字路口密实的对景，遮挡着背后的草坪。顺时针走，草坪豁然开朗，自然将视线转向北面（图 2-75）。远距离的观赏牡丹亭整体效果，亭子是主体，立于形态各异的植物之间，展现大气的牡丹亭（图 2-76）；过了珊瑚朴，交错的枝叶成为牡丹亭的前景与框景，林下栽植着各色的牡丹与芍药，展现细腻的牡丹亭（图 2-77）；绕着密实的鸡爪槭林，是安静的空间；穿过密林，眼前是飘逸的日本樱花，这里的牡丹亭特别秀丽；沿着园路往前，龙柏与铺地柏交错地咬合着园路，前方是星星点点的杜鹃花，这是灵巧的牡丹亭；游至牡丹亭的正南面，熙熙攘攘的人群抢着占据有利位置拍照留念，牡丹亭被各色植物遮掩着，只露出几只角，苍翠的青松、娇艳的枫叶、国色天香的牡丹、凄美的杜鹃是主角，这是热闹的牡丹亭。

3.3 其他绿地

牡丹园观赏区南面是鸡爪槭桂花林，九十厘米宽的园路蜿蜒其中（图2-78）。一边是鸡爪槭林，一边是日本樱花、鸡爪槭、垂柳、香樟穿插种植，是牡丹园观赏区少有的静雅树丛（图2-79）。林子的东入口在鸡爪槭中，栽植了一株日本樱花，牡丹亭立于樱花与槭树枝条之间，下部还有岩石呼应，甚是巧妙。林子的西侧是高大密实的枫杨、桂花林，林下栽植着小片的鸡爪槭，护着远处的桥，缩小着游人眼中桥的尺度（图2-80）。

牡丹园观赏区西面是呈倒三角形的绿地，栽植着玉兰与桂花，以中层植物为主的密林分隔空间是最好的，在此处起到分隔悬铃木草坪和牡丹园观赏区两个空间的作用。

图2-78 园路蜿蜒在鸡爪槭林中　图2-79 岸边的日本樱花和垂柳异常静雅

图2-80 枫杨桂花林下小片鸡爪槭油画般的色彩秀美中带着些厚重

4 红鱼池观赏区

　　红鱼池观赏区是花港观鱼的精华之一，呈倒三角形，面积三万平方米左右，其中水面面积约八千平方米。鱼池内设有约两千平方米和四百平方米的一大一小两个岛，五座石桥将两个岛与岸上绿地相连，水面被分为东、西、南三大块。约两千平方米的大岛，处于红鱼池的中心位置，岛上精心配置了广玉兰、海棠、樱花、黑松、鸡爪槭等观赏植物，形成视觉中心，是沿岸游览时的主要观赏对象，也是红鱼池的中心岛。约四百平方米的小岛上，栽植了香樟、南川柳、垂柳等乔木，是红鱼池较为安静的区域。红鱼池的三处水面因两个岛植栽的不同，形成了风格各异的三个空间。西侧水面围绕着中心岛而设，利用中心岛上盛开的樱花、海棠等植物吸引游人的视线。东侧水面面积较小，岸边对应岛上植物配置了香樟、枫杨等乔木，对应中心岛配置了少量樱花和海棠，是一处安静秀丽的空间。南侧水面的空间最大，一座轻盈的竹廊是水面的焦点，黄色的建筑在浓绿色的背景以及蓝色的水面中格外醒目，岸边植物依竹廊而植，或静逸、或灿烂、或温馨，是最靓丽的空间。红鱼池观赏区的植物配置比较注重春季效果，

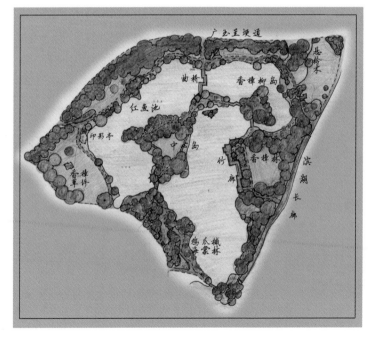

图 2-81 红鱼池观赏区平面图

图 2-82 冬季红鱼池热闹的景致

选用了广玉兰、香樟作背景树种，衬托海棠、樱花、鸡爪槭的繁花似锦，垂柳种植在水边贯穿着整个区域，是协调该区域的基调植物。红鱼池观赏区有两处主要建筑，一处是竹廊，轻盈雅致的建筑不仅是幽静的休息场所，还提供了灵活多变的组景元素。还有一处是沿小南湖的一端提名"邀山"、一端提名"揖湖"的滨湖花架长廊，长廊沿小南湖水岸而设，隐秘在香樟林中。漫步在廊中，浪漫的紫藤悬垂在人们的头顶，清凉惬意，而眼中还有园外的湖光山色，是红鱼池观赏区内能欣赏另一种风景的好去处（图 2-81、图 2-82）。

图 2-83　三折曲桥连接中心岛和香樟柳岛

图 2-84　微拱的石桥在高大的香樟林下特别柔美

图 2-85　花海中连接滨湖长廊的桥

图 2-86　广玉兰与山茶组成的树丛有效地分隔空间

　　红鱼池观赏区中五座形态各异的石桥连接着各处绿地（图2-83至图2-85），中心是约两千平方米的中心岛，略呈三角形，每边对应着一个观赏面配置不同的植物，西北角的突出绿地形成红鱼池的一处视觉焦点。

红鱼池北面是玉兰埂道，应用高大密实的广玉兰将红鱼池区域与雪松草坪区域分隔，形成闹与静的两个空间（图2-86）；西南面紧邻牡丹亭区域，种植了疏密有致的乔木，应用鸡爪槭、牡丹等牡丹亭区域的主要观赏植物以及柿子、黑松等高大乔木，组成植物有分有合、空间有疏有密，既是植物空间的过渡又有休憩作用的安静独特的内部空间；东南面直接面临着小南湖，一百多米长的滨湖长廊将雷峰塔与夕照山借入公园，曲折的竹廊面对着红鱼池的中心岛，简洁的形式、清幽的材质、朴素的色彩让热闹的区域多了几分雅致（图2-87至图2-89）。

图2-87 疏密有致的植物与灵活的空间形式　　图2-88 滨湖长廊将西湖风光借入园中

图2-89 竹廊色彩雅致形式简洁

　　东北角四株悬铃木是红鱼池区域最高大的乔木，在游览时总能以不同的方式呈现在眼前，悬铃木东面的红枫、海棠草坪，寥寥数笔勾勒出富有生活气息的游憩空间（图2-90）。

图2-90 行走在中心岛上二球悬铃木依然是画面的中心

4.1 中心岛区块

　　中心岛的树丛疏密有致，空间变化丰富，有安静、有热闹，可游可赏可憩，由三座形态各异的桥通向各处。南边是一座略显古朴的灰色石桥，桥边栽植白皮松与日本樱花（图2-91）。

图2-91 连接中心岛的石桥古朴典雅

图2-92 中心曲桥平面图

北面斩假石饰面的四折钢筋混凝土平桥是观鱼的中心，桥边配置有垂柳、黑松、垂丝海棠等植物，春季繁花似锦、夏季绿树成荫、秋季金柳悬垂、冬季安静祥和，在每个季节都有自己独特的景观（图2-92、图2-93）。东面一座钢筋混凝泥土结构的三折平桥，单边设有青石凳，通向香樟柳岛（岛上主要植物为香樟和柳，图2-94）。中心岛东面的樱花和海棠最为热闹，西面的黑松、鸡爪槭树丛是对岸的视觉焦点，中心的草坪是休憩空间，北面的鸡爪槭林是安静的区域。对景、透镜、漏景、框景、借景等植物造景艺术手法在小小两千平方米的绿地里展现得淋漓尽致。

图2-93 四折平桥是观鱼的中心

图2-94 三折平桥似漂浮在水面上

　　樱花、鸡爪槭是中心岛的主要观赏树种，岛的中心留有小块草坪，园路沿着水岸线和草坪边缘设置。中心岛的植物以看与被看的关系为主线进行配置，高大的广玉兰和沙朴形成骨架，沿路配置樱花和鸡爪槭，适当点缀黑松、海棠和垂柳，形成效果各异、衔接自然的四五个树丛单元。岛中心的草坪空间留给游人驻足欣赏与休息，广玉兰、沙朴、桂花在北面形成严实的背景，南面四株日本樱花是石桥植物景观的一部分，也是草坪景观的一部分。草坪西面疏朗的树木有效地分隔空间，草坪东面两株大沙朴之间的空地将竹廊引入，形成空间隐蔽与交流的多样性，也巧妙地融合了全岛的植物景观。草坪北面紧依着广玉兰，种植了大小不一的六株鸡爪槭，鸡爪槭与广玉兰树丛紧密结合展示着小岛安静的一面，也展现出小岛植物景观的变化。

　　北面曲桥的入口处栽植了一株黑松和一株垂丝海棠，四十平方米的绿地配置了一高一矮两株乔木，自然形成一个单元。海棠花开的时候，接踵的游客停足留影，不仅独立成景，还是侧面观赏曲桥和红鱼的前景，更是中心岛北岸观赏的对景，巧妙地收住了桥的端头，似引言拉开中心岛游览的序幕（图 2-95）。

图 2-95　垂丝海棠与黑松巧妙守住桥头

　　中心岛的西侧，七株樱花成一小片种植在园路边的三角绿带里。繁茂的樱花是竹廊的对景，也形成了紫藤小岛与两座小桥的前景和框景，雪白的花朵在一片碧绿的树丛中显得格外纯洁美丽。七株樱花姿态各异，或倾斜伏向水面，或立在路边轻拂着游人的发梢，似水边舞蹈着的七仙女，倒映在水面胜似抽象的雕塑，诉说着美丽的故事（图2-96）。

图 2-96 姿态各异的樱花

中心岛东南角，一组日本樱花、广玉兰、白皮松、垂丝海棠组成的树丛间有四条园路穿过，四株日本樱花横跨三块绿地种植，将园路巧妙隐于林中，樱花既是树丛的主景又是园路的对景，体现着设计者的巧妙。该组植物景观中，日本樱花起到衔接作用，在不同的角度形成多样的景观。在草坪中，樱花林独立成景。从水岸对面游览，白皮松与三株日本樱花、石桥组成一景，园路穿过樱花林，让游人享受与樱花的亲密接触（图2-97、图2-98）。

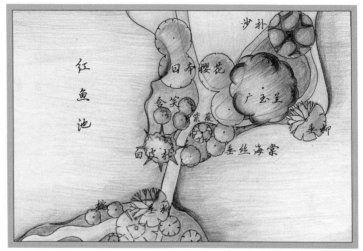

图2-97　中心岛樱花对景平面图

图2-98　盛开的日本樱花弱化了园路

图 2-99 垂丝海棠、日本樱花、广玉兰有层次地种植在桥头

图 2-100 春季中心岛景观

在石桥上观赏，垂丝海棠、日本樱花、广玉兰由近至远种植，形成一组花繁叶茂的植物景观。粉红和白色的花朵在广玉兰深绿的叶色衬托下显得娇艳欲滴，也衬托得石桥愈发地古朴典雅（图 2-99）。走在园路上，樱花成为广玉兰和白皮松的前景，成片的樱花遮盖了园路，也是春季中心岛的一个主景（图 2-100）。

图2-101 中心岛黑松树丛平面图

　　中心岛东面的一组黑松——鸡爪槭＋红枫＋梅花＋构骨——紫藤——石蒜＋沿阶草的滨水树丛（图2-101），是中心岛植物配置的重心，种植了姿态、风骨俱佳的各种植物，形成春观红枫、紫藤，夏观石蒜，秋观鸡爪槭，冬观黑松、梅、构骨的富有季相变化、四季有景可赏的植物单元。此处的各种植物模拟自然，或倾斜或伏向水面种植，水岸若隐若现，似漂浮在水面上，具有独特的艺术效果。植物单元中最高的黑松，枝干向西北面倾斜，与对岸的垂丝海棠相互召唤，借了盛开的海棠成为景观的一部分，不论是在什么季节，都形成统一而富有变化的植物景观（图2-102、图2-103）。

图2-102 黑松树丛冬景

图2-103 黑松树丛春景

图 2-104　红鱼丰富了影印亭景观

图 2-105　柳幄中的黑松树丛

4.2 沿岸区块

红鱼池观赏区的沿岸绿地狭长，园路以观赏中心岛景观为主线，紧邻水岸而设。园路途中，建有一座八角重檐亭以供游客休息，沿岸穿插栽植观赏植物组织游览节奏。红鱼池观赏区的西北角，一株十米冠幅的合欢与一座名为"影印亭"的重檐八角亭相依而植。合欢从体量上与中心岛的黑松鸡爪槭树丛呼应，既丰富了立面与季相，还柔化了"影印亭"（图 2-104）。"影印亭"的南面沿岸稀疏配置了三株垂柳，开敞的水岸展示着中心岛丰富的植物景观。沿着园路往南走，黑松鸡爪槭树丛、樱花林、白皮松和石桥依次成为画面的中心，组成一幅植物画卷。岸边的垂柳时而茂密柳枝珠帘般遮挡着对岸的树丛，时而柔弱的枝叶立在空白处丰富画面，时而嫩绿的柳枝衬托着对岸的樱花散发出早春的气息（图 2-105）。

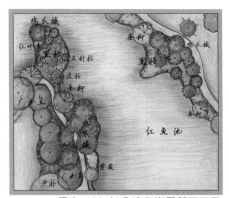

图 2-106 红鱼池北岸局部平面图

　　红鱼池北面沿岸绿地用密植的广玉兰分隔空间，岸边或点缀少量垂柳借中心岛的景致形成前景和框景，或种植海棠、鸡爪槭等植物与对岸树丛呼应形成整体，或局部打开引入中心岛的精美景观。园路南侧沿着水岸零星种植着乔木，以曲桥为中心是垂柳，曲桥西面有两处密植的树丛，一处以鸡爪槭、红枫为主要观赏树种，一处以海棠、紫薇为主要观赏树种。曲桥西侧正对着中心岛的区块，较为密集地种植了鸡爪槭、红枫、黑松树丛，既能与中心岛对岸景观相互呼应，又形成了园路景观的变化（图 2-106 至图 2-108）。园路在此处绕过树丛而走，避免沿路风景一览无余，转过弯后豁然开朗，看见簇拥的人群和密集的红鱼，多了几分趣味。

图 2-107 园路绕过鸡爪槭树丛增加变化

图 2-108 黑松树丛与鸡爪槭树丛遥相呼应

鸡爪槭树丛的西面是海棠树丛，四株海棠种植在路边，和中心岛的鸡爪槭、黑松树丛遥遥相对，与中心岛树丛形成整体，曲桥是背景，粉红的海棠花与红色的鱼群以及观鱼的游客呼应，画面活泼而不失雅致（图 2-109）。曲桥东侧的临岸栽植海棠、梅花，逐渐过渡至悬铃木草坪区块。

图 2-109 海棠花开时画面活泼而不失雅致

图 2-110 游客与红鱼的互动

　　曲桥是红鱼池的中心，桥头竖刻着"花港观鱼"四个字的湖石假山，桥上观鱼的游客时而投掷鱼饵、时而俯身观赏，时而摆着 POSE 拍照、时而对着鱼儿欢呼雀跃，两岸简单的柳树将画面中五彩的鱼和热闹的情绪烘托到了极致（图2-110）。曲桥的北面密植广玉兰，减弱曲桥上游客对雪松草坪休憩的人们的影响。广玉兰与雪松成为垂柳的背景，垂柳柔弱的枝干和嫩绿的叶色都和广玉兰形成鲜明的对比，衬托出垂柳的婀娜与秀美。秋天金黄的柳枝和鲜艳的红鱼将画面渲染得更加热烈（图2-111）。春天稀疏的垂柳又将美丽的中心岛展现在游客的眼前，吸引游客前往。

图 2-111 金黄的柳枝在常绿树的背景下特别夺目

4.3 西南面绿地

　　红鱼池西南面紧邻牡丹园，南北两侧通过石桥与中心岛和滨湖紫藤花架廊相接，栽植枫香、黑松、垂丝海棠、红叶李、日本樱花、牡丹等植物，林下空间铺设砾石路面，形成红鱼池观赏区较为自然的休闲区块。该区块的植物种植不再强调植物单元的配置，而是着重表现自然林带的整体美以及与周边绿地的和谐统一。园路将该区块分为两个部分，北面三百多平方米的三角绿地面对着红鱼池一角，通过植物及其配置方式的呼应，形成牡丹园与红鱼池周边绿地的过渡与统一。南面一千多平方米的长条形绿地，采用模拟自然林带的种植方式，营建轻松、舒缓的空间，平缓游览牡丹园的兴奋情绪，回归自然，感受宁静的乐趣（图2-112、图2-113）。

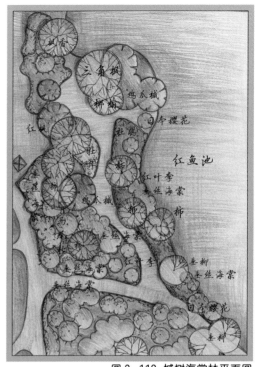

图2-112 槭树海棠林平面图

图2-113 和谐统一的槭树海棠林

　　北面区块与周边景点的协调与统一，主要体现在植物的选择与植物的种植方式上。绿地应用五针松、枸骨等植物与牡丹园呼应，栽植柿子、垂柳等植物与红鱼池的主景区协调，配置鸡爪槭、垂丝海棠等植物成为南面区域的延伸（图2-114）。石桥边种植了垂柳、鸡爪槭等与桥对岸樱花高度相似的植物，使对岸的白皮松成为视觉焦点。石桥两边的绿地有分有合，自然过渡。鸡爪槭与海棠穿插种植在园路的两边，让游人感受着春的意趣。而路边的五针松、鸡爪槭、枸骨，寥寥数笔就勾勒出牡丹亭的植物风貌，稍显自然的种植，巧妙地将牡丹园与红鱼池的风景融合在一起。

图 2-114 日本樱花和垂丝海棠统一全区的植物景观

图2-115　一株鸡爪槭形成的内部休憩空间

图2-116　日本樱花与垂丝海棠打造的空间热闹非凡

图2-117　远山将嫩芽与繁花圈在园中

　　南面区块应用柿子、榔榆、黑松等乡土乔木模拟自然群落，形成模拟自然的乔木林带，林带内配置鸡爪槭、海棠、红叶李、牡丹、杜鹃等中低层观赏花木，利用点植方式与自由形态的砾石铺地，创建出同时关注外部轮廓、内部休闲空间、多季节观赏需求的绿地（图2-115）。从外部观赏，盛开的花海是滨湖长廊、竹廊的对景。从南端的园路进入，两边的垂丝海棠和园路端头的日本樱花竞相开放，热闹、引人入胜。樱花位于桥边，与海棠形成多面可赏的植物单元（图2-116）。在岸边游览，远山、红鱼、桥丰富了画面，嫩绿的新芽与花朵一起描绘着春天，给我们带来浓郁的生活气息（图2-117）。

图 2-118　牡丹在清静的环境中茁壮成长

图 2-119　滨湖长廊透着小南湖的景致

　　往树林内部走，花少了，而叶色愈发显得苍翠，富贵的牡丹生长在朴实的砾石地上，展现着不俗的风采，众多爱美的人或观赏或描绘或拍摄，留恋忘返。牡丹身后人影晃动，原来是喜欢清静的游人在享受着绿树与浓荫，成片的鸡爪槭营建出安静的空间（图 2-118）。此时，竹廊在洁白花朵的映衬下，多了几分妩媚；穿过纷繁的花朵，滨湖长廊透着小南湖的景致，诱人前往（图 2-119、图 2-120）。

图 2-120　竹廊在繁花簇拥中格外妩媚

4.4 滨湖长廊与竹廊

　　红鱼池观赏区有两座体量较大的建筑，均在红鱼池东南面临湖区块。一座是沿小南湖的一百二十米长的紫藤花架廊，北端题有"揖湖"二字，南端题有"邀山"二字。一座是外观轻盈、内部通透的竹廊，位于红鱼池的东面，近四十米的长度，占据了该水池水岸线十分之一左右。两处廊架布置在四千多平方米的绿地中，高大的香樟林是廊架的背景、前景，也是绿地的基调。

　　紫藤花架廊为传统的水泥花架廊形式，两侧设有廊凳或围栏，冰梅石地坪，梁柱等饰件为仿青石弹涂，简洁的风格、浅绿色的色调以及高大的香樟背景树将廊架融入在风景中（图 2-121）。仿石材的花架廊的柱、窗、栏采用方形的纹饰，古朴中透着对自然的尊重，展现的是远山的深邃。廊内一边是苍劲的紫藤枝干描绘着岁月，另一侧装饰花件、围栏与立柱、挂落结合为一体，成为精美的画框，将西湖山水印在框内，巧为"邀山"与"揖湖"的画作。宽阔的西湖水面被廊柱有机地分为若干份，简单的画面被分割后产生独特的韵味，好似一幅幅美丽的风景照排列在游人眼前，又像是活动的画面由心境随意组合（图 2-122）。

图 2-121 香樟林下的滨湖长廊

图 2-122　长廊的方形纹饰与廊柱勾勒下的西湖美景

图 2-123　红叶李旁游客们纷纷与西湖合影

　　花架廊的南端是由红叶李、木绣球和垂柳组成的树丛，在植物的簇拥中，花架廊在小南湖前，与苏堤、夕照山和雷峰塔一起演绎"邀山"的意境（图 2-123）。

　　花架廊的西面是临水的三角绿地，片植的高大香樟成为简洁的背景植物，临水穿插点缀了鸡爪槭、木绣球、樱花、海棠等中层观赏植物，掩映得花架廊若影若现，同时将西湖的景致引入园中（图2-124）。在春季和秋季，纷繁的花朵和绚丽的叶色在浓绿的香樟背景下，显得娇艳美丽，仿佛在诉说着这个季节的故事。林下红花酢浆草开着粉色的小花，婆娑的树荫洒在粉嫩的草毯上，甚是惹人怜爱（图2-125）。

图2-124 冬季的滨湖长廊

图2-125 长廊边粉嫩的红花酢浆草

竹廊面对红鱼池的中心岛紧贴水面而建，为外饰冬竹的混凝土结构，两边均为通透的廊道，背景植物浓密，所以亭廊的体量虽大却显轻巧（图2-126）。竹廊的北端为"品"字形的厅，开敞的视线将北面的风景映入竹廊成为精美的画卷。对岸繁茂的日本樱花是观赏的主体，一株伏水栽植的鸡爪槭紧贴着竹廊展示着枝干成为了前景，立柱组成的画框在不同平面勾勒对岸景致，形成独有的变化与韵味（图2-127）。竹廊的南端是方亭的外形，一侧设置座椅供游人休憩，临水一侧设有观景框留住风景。竹廊中部由廊架的形式贯通，连接两侧的厅与亭，可游可赏。竹廊的背景配置了树形高大、色彩浓郁的香樟。简洁的背景减弱了竹廊的体量，自然的装饰材料与环境相融合，是红鱼池一独特的观赏、休憩点（图2-128）。

图2-126 绿树掩映中的竹廊

图2-127 对岸景观在立柱组成的画框内具有独特的韵味

图2-128 高大的香樟弱化竹廊的体量

图2-129 春季竹廊对岸盛开的日本樱花

图2-130 夏季竹廊对岸浓密的树丛

图2-131 秋季竹廊外金色的垂柳

竹廊西面临水，中心岛和海棠、鸡爪槭林尽收眼底。春季樱花、海棠尽相开放，水中的倒影云霞般渲染着池水与蓝天。夏季垂柳在广玉兰浓郁的叶色和浑圆的树形中脱颖而出，尽显婀娜。秋季绚丽的色彩、冬季潇洒的枝干无一不展现着设计者的匠心（图2-129至图2-131）。

竹廊东面是两块方形的绿地和香樟草坪。方形绿地是竹廊入口园路围合而成，既是竹廊的前景，又成为巧妙的空间分隔（图2-132）。绿地中桂花、紫薇、红枫、黑松、杜鹃组成饱满而有层次的树丛。春季红枫和羽毛枫鲜艳欲滴、引人入胜，杜鹃紧接着绽开绚丽的花朵，小面积的竹林恰如其分地展现出自己的清新，衬托出艳丽红叶的雅致（图2-133）。园路的另一边是草坪，三三两两的游客在香樟下享受着清凉与安静，估计想不到香樟另一边的热闹风景吧？

图2-132 竹廊周边植物配置平面图

图2-133 鸡爪槭、红枫、杜鹃层次分明

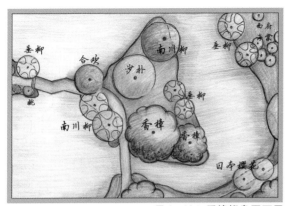

图 2-134 香樟柳岛平面图

竹廊的北面，一座微拱的石桥连接了三百五十平方米左右的小岛，岛上种植着香樟、大叶柳、垂柳等高大乔木，密实的乔木阻隔了红鱼池的热闹，营造出岛边水域的宁静（图 2-134、图 2-135）。水岸边稀疏的樱花伏向水面，给人以落花有情流水无意的情意，而岛上的垂柳和岸边的垂柳遥相呼应，互说衷肠。对岸隐隐的日本樱花和垂丝海棠的粉色花朵迎风摇曳，召唤着游客前往观赏（图 2-136）。

图 2-135 春季岛上香樟叶色嫩黄

图 2-136 对岸的日本樱花迎风摇曳

4.5 悬铃木区块

红鱼池观赏区的东北角是悬铃木区块，四株悬铃木和两株柿子高大挺拔，是红鱼池观赏区树林的最高峰。日本樱花、海棠、槭树依然是该区块的主角。日本樱花绽放着美丽的花朵，成为双亭的前景（图2-137）。成片海棠形成的花海在悬铃木前成为中景，而高大的悬铃木是简洁的背景（图2-138）。一群白鸽瞬间从头顶飞过，祥和的气氛弥漫在空中，悬铃木下休憩的游人们纷纷掏出食物与白鸽零距离接触。

图 2-137 双亭前的日本樱花

图 2-138 盛开的西府海棠

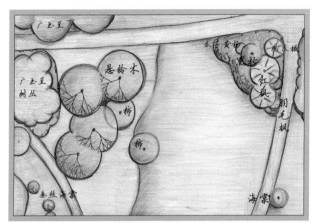

图 2-139 红鱼池悬铃木区块平面图

近似三角形的悬铃木区块中，四株悬铃木是最高的树丛，守卫着红鱼池。对着悬铃木的是开阔的草坪，闲散的鸽子在悬铃木的树荫下悠闲踱步。草坪东北角是以槭树为主景的一组树丛，鸡爪槭、红枫、羽毛枫层次分明，色彩艳丽，南天竹、书带草、杜鹃和湖石与草坪紧密结合。位于三岔路口的这组树丛，不仅是沿路的风景，还成为蒋庄很好的前景与庇护（图 2-139、图 2-140）。

图 2-140 春季红枫色彩鲜艳

　　草坪另一头是滨湖花架廊的北端，粉红的海棠林由密至疏，而脚步也随之逐渐放慢，等待着下一个美丽的瞬间（图 2-141、图2-142）。

图 2-141 由密至疏的西府海棠林后是开阔的草地

图 2-142 路边盛开的西府海棠

5 大草坪观赏区

大草坪观赏区位于红鱼池的
北面，面对着西里湖，大约三万
多平方米的空间，以疏朗的草坪
为主要植物景观，舒缓的园路分
隔了不同风格的草坪空间，藏山
阁、林徽因纪念碑、翠雨厅等建
筑小品零散在湖边和树丛内，散
发着浓郁的文化气息。从公园的
东入口往西走，分别是藏山阁草
坪、林徽因纪念碑、紫薇草坪、
雪松草坪四个部分（图2-143）。
林徽因纪念碑位于鱼池古迹西
面，隔着密实的香樟桂花树丛，
二百多平方米的空间内，仅有一
株高大古朴的香樟、一块简洁的
方形钢质镂空纪念碑、一处抬高
的石质铺地。三片疏林草地"品"
字形分布在公园的北面，三者之
间空间形式比较接近，皆为两边
密实中心疏朗的草坪空间。高大
乔木比较统一，均以垂柳、香樟
和雪松为主要大乔木。观赏小乔
木有着各自的特色，紫薇草坪以
紫薇为主要中层观赏植物，藏山
阁草坪以二乔玉兰、樱花为主要
观赏小乔木，雪松草坪以樱花为
主要观赏对象（图2-144）。

图 2-143 大草坪观赏区平面图

图 2-144 夏季的雪松草坪

图 2-145　春季的雪松草坪

图 2-146　掩映在绿树中的翠雨厅

　　紫薇草坪采用南密实、北疏朗的配置方式，围合出一千多平方米的安静的草坪休息空间，将西里湖的风景尽收眼底。藏山阁草坪被三米宽的园路围绕，以南面园路为主要观赏面，展现春季玉兰与秋季槭树的景观。一万五千平方米的雪松草坪气势恢弘，春季成片的樱花与柔嫩的柳枝在草坪上描绘出春天的表情，冬天雪松傲立在雪中（图 2-145）。翠雨厅是草坪区域的另一处建筑，位于雪松草坪和紫薇草坪的交界处，一幢占地约二百平方米的二层仿竹轩临水而建，背靠着雪松树丛，东西两边栽植着密实的桂花，稳稳地坐在中间（图 2-146）。

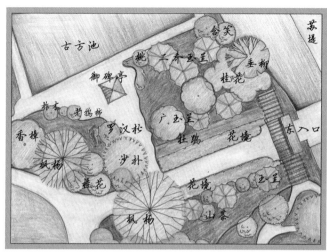

图 2-147 公园东入口平面图

5.1 东入口

公园东入口位于苏堤南端，由苏堤经梁板式小平桥进入大门。整个入口建筑具有民国时期的空间特征。园门朝东，由一正厅两间廊组成，正厅为歇山、翘角清式风格，副间为水泥花格墙围合的休息区域。入口建筑为混凝土结构，水泥斩假石梁柱面，水泥花格景窗。进入东门后是玉兰、广玉兰、山茶、桂花做背景规整的草花花坛，一二年生花卉四季替换点缀着入口，增加入口的观赏性，是游西湖后最便捷的公园入口（图 2-147、图 2-148）。

图 2-148 东入口整齐的花坛

5.2 藏山阁草坪

藏山阁草坪位于花港观鱼东门入口处，约七千多平方米的长形绿地。该空间疏密有致，中、西、东三面以密实的树丛为主，南北两面沿路种植疏林，其余为开阔的草坪。

草坪东面是公园东入口对景，雪松既为挡景又是背景，雪松前种植槭树科植物小景，几株鸡爪槭和红枫、几丛杜鹃与南天竹、几块湖石，简单地勾勒出具有江南园林风韵的入口对景（图2-149、图2-150）。

草坪中间是宽阔的草地和树丛，木制结构的四方亭"藏山阁"建在假山上、隐在树丛中。二乔玉兰、日本早樱、喷雪花等早春观赏植物围绕着竹子、广玉兰、桂花林布置，红枫与鸡爪槭在林缘点缀。早春在碧绿草地的衬托下，各色花卉争相开放，描绘着百花争春的画面（图2-151至图2-155）。草坪的南面松散种植着三株无患子与六株广玉兰，成为前景与框景，避免景色一览无余。斑驳的树影还勾画着单调的草坪，形成实景和虚景的对比，丰富画面。

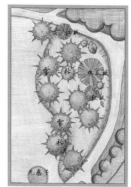

图 2-149 东入口对景树丛平面图　　图 2-150 冬季的东入口对景树丛

图 2-151 二乔玉兰低垂的枝条几乎要触摸到草地

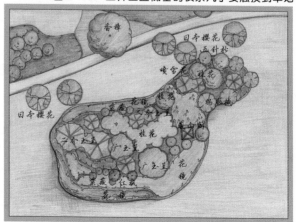

图 2-152 藏山阁平面图

图 2-153 广玉兰之间的日本樱花和二乔玉兰特别娇媚

图 2-154 藏山阁宁静的一面

图 2-155 藏山阁草坪丰富的立面层次与多彩的花境植物

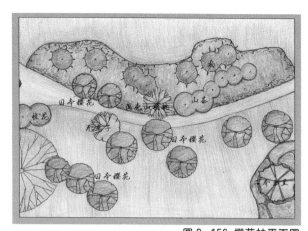

图 2-156 樱花林平面图

藏山阁草坪西面与雪松草坪相接，密实的雪松与桂花林，遮掩了连接两块草坪的园路，两块草坪自然过渡。

草坪北面沿路栽植数株日本樱花，小片林带在樱花绽放的时候形成草坪柔美的背景，沿路游览还是体验花雨的绝佳去处。樱花与二乔玉兰的花期比较接近，当环境条件合适之时，紫红色的玉兰和粉色的樱花满树开放，演绎着前所未有的灿烂（图 2-156 至图 2-158）。

图 2-157 日本樱花、喷雪花与草花共同演绎着春的胜景

图 2-158 小片樱花林错落有致

5.3 林徽因纪念碑

林徽因纪念碑在一株大香樟下，香樟外铺设着细纹斜铺的青砖，香樟下悬挑着平整的青石板，石板上竖立着刻有镂空文字和林徽因人像的锈板，湖水缓缓流过锈板，诉说着林徽因的才气。这株湖边的香樟位于藏山阁草坪的背面，躲在两片树林之间，豁然的安静与简洁的画面带给游人更多的思考（图2-159）。

图2-159 大香樟守护着的林徽因纪念碑

5.4 翠雨厅

翠雨厅是由一层及局部二层斜坡屋面所组成的建筑，主楼之间为花架相连，运用白墙、灰瓦、木质简装等手法，充分体现江南建筑的淡雅、宁静特色。临湖石质大平台，视野开阔，可眺西湖第一名园刘庄及六桥烟柳，建筑内设茶饮、接待、小卖部等，为观景品茶之佳处（图 2-160）。

5.5 紫薇草坪

林徽因纪念碑与翠雨厅之间是紫薇草坪，该空间没有过多的修饰，呈座椅般种植着各色植物，围合出面向西湖的安静休憩空间。沿着湖岸一条三米的园路连接纪念碑与翠雨厅，园路两边种植着近二十株垂柳，柳枝象珠帘般遮挡着烟雨西湖，显得西湖愈发地秀丽（图 2-161）。

图 2-160 淡雅宁静的翠雨厅

图 2-161 冬季的紫薇草坪

图 2-162 雪松樱花树丛平面图

5.6 雪松草坪

图 2-163 倾斜种植的日本樱花

图 2-164 冬季傲然挺立的雪松

雪松草坪临湖而设，植物配置似一张面向西湖的太师椅，东西两边是大面积的雪松林，北面中部种植了香樟、无患子、枫香、桂花为主的乔木林，沿湖间隔栽植垂柳，是休息观景的好去处。西面雪松林面积较大，遮挡雪松草坪西面水杉林内的管理用房，林缘配置二十多株大小不一的樱花，倾斜种植，在苍劲的雪松背景下，显得更加柔美（图 2-162、图 2-163）。东面的雪松与藏山阁雪松林连接，形成单一的雪松景观，在大雪纷飞的冬季，展现着坚韧挺拔的风采（图 2-164）。

6 鱼池古迹观赏区

　　鱼池古迹观赏区位于东入口的北面，北临西里湖，仅3米的绿地与西湖相隔，东面与苏堤隔着十米的水港，仅2米的绿地与苏堤遥遥相望，南面和西面被高大密实的树丛围绕，中心是隐藏着方池和碑亭（图2-165、图2-166）。

图2-165 古鱼池与碑亭旁喧闹的人群

图2-166 古鱼池边茂密的树林

鱼池位于东北角，面积约六百平方米，近方形，石砌池岸，简洁古朴。四角歇山顶清式风格的御碑亭近池而建，方形石柱与鱼池呼应，亭内为康熙三十八年（1699年）御题引书"花港观鱼"的古石碑。植物种植以空间分隔为主要目的，西面和南面是密实的树林，栽植广玉兰、二乔玉兰、香樟、桂花、沙朴等将鱼池隐于林中，春季二乔玉兰开出紫红色的花朵，衬托着鱼池与碑亭的古朴（图2-167）。东面和北面是狭长的堤岸，稀疏种植垂柳和桃花，将西湖的景致引入、与苏堤景观相呼应。

图 2-167　红鱼们追逐着倒印在鱼池中的玉兰花

7 港道观赏区

　　港道观赏区呈"L"形在西面和南面环抱着公园，位于杨公堤以东、南山路以北、芍药圃以南、丛林区以西，面积近四万平方米，主要包括西港道、南港道、港道草坪、南入口四部分。由狭长的水港以及分布其中大大小小近二十处绿岛组成。观赏区内建有三座亭子、一座花架廊及若干的桥，由2米宽的是园路以及木栈道贯穿其中。

　　西港道呈现树丛西北面规整、东南面松散的，水港西北面舒缓、东南面幽深的格局。观赏区的西北面处于杨公堤和芍药圃之间，因此绿地的布置不仅满足在内部游览的需要，还兼顾了东、西两面的观赏效果。从杨公堤往公园望去，一边是掩映在曲折的岸线和密实的树林中的曲桥；中心是挺拔浓密的雪松、秀丽的鸡爪槭和三孔石拱桥组成的景致，略呈规整；另一端是以乐昌含笑、枫香、枫杨、鸡爪槭、桂花等植物栽植而成的外形松散的树丛，更显随意性（图2-168、图2-169）。整个港道区在杨公堤上形成长幅的画卷。从芍药圃往港道区观赏，绾波亭、三孔石拱桥是一处视觉焦点。挺拔浓密的雪松和远处隐约的山峰是绾波亭坚实的靠背，三孔石拱桥在雪松的映衬下显得格外洁白，整个画面色彩浓郁、轮廓鲜明。小巧的单拱石桥处于紫藤花架的西北面，从芍药圃望去，婀娜的垂柳与清秀的鸡爪槭种植其左右，特别具有江南韵味。

图2-168 挺拔的雪松与三孔石桥色彩浓重

图2-169 略显松散的树林更是随意

　　南港道位于南入口以西，港道草坪以南，南山路以北，由郁闭的树丛、穿梭的水溪、曲折的木栈道组成。港道内水系曲折多样、宽窄不一，主要的植物景观为混植的大乔木林，搭配林下灌木与地被。木栈道在其中，或穿梭在乔木之间、或架在水系之上、或环抱树木而过，充分体现了人与自然的和谐与亲密。南港道区应用片植的无患子和紫楠，穿插栽植川含笑、薄壳山核桃、香樟、枫杨、枫香、水杉等植物，形成绿岛协调的植物景观，通过主景植物的变换，营建不同绿岛的特色。一座绿依亭以及一块木平台，是南港道内的主要硬质景观，木质结构在林中显得自然而亲切（图2-170）。

图2-170 南港道的木栈道穿梭于大乔木之间

图 2-171 南港道草坪边多层次的树丛

南入口临南山路，主要由乐水亭、石桥、水系、铺地、服务用房等组成，面积约一千平方米。港道草坪有树丛、草坪、园路、码头等内容，面积约九千平方米。草坪区四周环水，树林呈现四周密实、中心疏朗的空间形态，以无患子、枫杨、枫香、鸡爪槭等秋色叶树种为主要观赏植物，四周应用大乔木形成林下空间，草坪边缘应用多层次的树丛形成立面的变化。草坪区内三米五宽的一级园路往北通往芍药圃，两米六宽的二级园路绕草坪而设，往西通往港道区。一米八宽的木栈道隐藏在密林中，在水港、绿岛内穿梭至港道区（图 2-171、图 2-172）。

图 2-172 曲折的港道

7.1 西港道区

西港道北端由一青石拱桥与密林区的樱花林相连，樱花林对面是密林山坡，沿着园路往南是雪松疏林以及一座六角的缩波亭，过一座三孔石拱桥是与芍药圃遥相对应的以桂花、鸡爪槭、红枫为主要观赏树木的长形绿地，再往南过一座灵巧的单拱石桥便是紫藤花架廊为主景的绿地。西港道植物的选择主要是与周边景区相呼应，植物配置手法以交错的疏林和草坪空间为主，既能避免西面杨公堤上车流对公园游览的干扰，又有空间变化，减少空间过于郁闭给游人造成的压抑感受，还能将周边各处水岸景观引入，增加观赏趣味(图2-173)。

图 2-173 西港道春季景观

　　丛林观赏区樱花林的西面，是面积一千六百平方米的山坡绿地，致高点位于青石拱桥的正对面，形成障景。坡地呈北陡南缓的形态，自然形成向南围合的态势。北坡植物以乡土植物为主，较为密实地种植了香樟、黑松等植物，是模拟自然群落而栽植的绿地。一座木制的六角重檐亭掩映在高大的树丛中，甚为安静，也是一登高远眺之处。南坡留出了小面积的疏朗空间，沿水岸配置鸡爪槭，底层种植吉祥草，将植物景观的风格缓慢过渡至临水的疏林草坡，将远山的景致引入园中（图 2-174）。

图 2-174 远山包围的西港道格外宁静

图 2-175 依着雪松的缩波亭

图 2-176 反射在缩波亭上的粼粼波光

　　往南，是一座漆着红色栏杆和座椅的木平桥，远处是不到四百平方米的绿岛，园路沿着东面而设，岛上主要景观是一座"缩波亭"和雪松草坪。"缩波亭"是钢筋混凝土结构的六角亭，简式挂落、白色出檐及平顶，给人以清新、素雅的感觉。微风吹动之时，涟漪的波光映射在白色的平顶上，互相缠绕着，是真真实实的"缩波"之处（图 2-175、图 2-176）。亭子倚着挺拔的雪松而建，雪松前栽植了一株洁白的日本樱花，"缩波亭"前的一株鸡爪槭恰似薄纱将亭子掩映的柔美而娇小。十多米长的木桥被远端丰富的景致弱化了（图 2-177）。

图 2-177 日本樱花迎着栏杆而植，特别亲切

　　四株雪松为主景的草坡缓缓如水，清爽简洁，沿水岸除了樱花还配置了小片的鸡爪槭和红枫，为杨公堤的观赏而用。缓坡的南面配置了三株梅花，成为冬季该处景观的亮点（图2-178、图2-179）。

图2-178 缓缓入水的雪松草坡

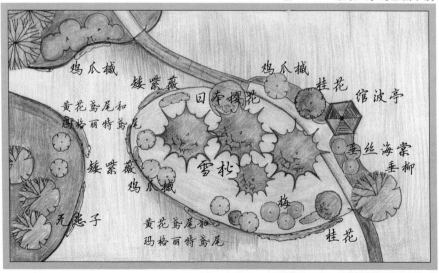

图2-179 西港道绾波亭平面图

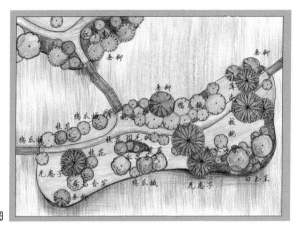

图 2-180 西港道狭长绿地平面图

图 2-181 桥边艳丽的桃花

一座高大的三孔石拱桥连接着雪松草坡和一千一百平方米左右的狭长绿地。此处的狭长绿地位于芍药圃的西面，东西的宽度为十四米至二十四米不等，园路由北至南穿过。北面绿地比较狭窄，稀疏种植了乐昌含笑、枫香、桂花和鸡爪槭。南面绿地相对宽敞些，沿水岸栽植乐昌含笑、枫香、桂花、鸡爪槭、山茶等植物，遮挡杨公堤上的车流，同时在园路边留出小块草坪空间，形成错落有致的空间变化。中部一座十五米长的石桥通向芍药圃，桥边配置桃花、垂柳，弱化桥的尺度。沿水岸配置了大大小小鸡爪槭与红枫十多株，片层状的枝叶将游人的视线引向芍药圃，与芍药圃的景观遥相呼应（图 2-180 至图 2-182）。

图 2-182 沿岸栽植的鸡爪槭弱化了桥身的体量

过一座石拱桥，水港转弯呈东西向，沿着转弯的弧度，一块两千多平方米的弧形绿地连接着南入口观赏区，南面水体中零星分布了近十处大小不一的岛和半岛。精致小巧的石拱桥立于树丛间，其栏板石丝带状飘于石桥的两侧，具有强烈的装饰性，极具江南民间特色。石桥以水杉为背景，桥边配置了垂柳与鸡爪槭，春季显得清新淡雅、夏季绿意浓浓（图 2-183、图 2-184）。

图 2-183 石拱桥极具装饰性

图 2-184 西港道紫藤花架区平面图

图 2-185 紫藤花架廊入口处鸡爪槭是窗内天然图案

图 2-186 光影中的框景

弧形绿地以一百三十平方米左右的紫藤花架为主景，周边配置垂柳、鸡爪槭、桂花、紫藤、紫薇等植物，是以芍药圃为对景的休息观赏区。紫藤花架是一座钢筋混凝土结构的廊架，以折线的花架为主要形式，沿水岸布置。花架廊结合花格窗墙，或与岸边栽植的鸡爪槭形成天然图画，或引对岸风景入廊，供游人欣赏。阳光下，花架椽在廊中形成变化的光影，与廊外的自然风景结合，甚有趣味（图 2-185、图 2-186）。

7.2 南港道区

　　紫藤花架西北侧入口处，一米八宽的木栈道通向港湾中的各个岛屿，此处即为南港道区。南港道区有大大小小的绿岛十多处，木栈道穿越了其中较大的九处岛屿，其中包括南入口、草坪区、绿依亭、大枫杨平台等处，游走中景观协调而富有变化。

　　木栈道北入口在紫藤花架廊边，密实的桂花林将木栈道隐藏，水系、树林的形式与西港道、芍药圃的景观颇为不同，让游客极想探一究竟。穿越桂花林，便是跨越水系的桥、桥上穿过木栈道而出的一株无患子，以及无患子背后密实的水杉、川含笑、薄壳山核桃等大乔木组成的树林。此处，路中的无患子、高大的树林、桥边翠绿的竹子、桥下的潺潺流水，转眼带我们来到了另一个世界，远离了城市的喧嚣、抚平了心中的烦躁。该绿岛的大乔木以水杉和川含笑为主，突出竖线条的背景，与西北面的石拱桥营造出秀美的画面（图2-187至图2-189）。

图 2-187　无患子绿岛平面图

图 2-188　穿越木栈道的无患子

图 2-189　岸边的凤尾竹

树林中转折、穿梭，远远的有一座名为"绿依亭"的清雅的六角亭静静地立在林中。原来此处有一株特大的香樟，亭子依着香樟而建，亭子边还栽植了密实的苦竹，确是乘凉的好去处（图2-190、图2-191）。

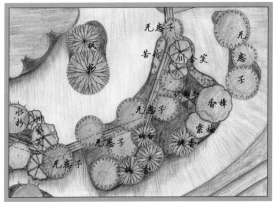

图2-190 绿依亭小岛平面图

图2-191 苦竹背景为"绿依亭"带来一丝清凉

　　往东有一座狭长型的绿岛，木栈道呈之字形穿梭在紫楠为主的乔木林中，粉色的臭牡丹成片开放，大大的叶形与鸡爪槭飘逸的身姿相互映衬，幽静中带着秀美。林边一株大枫杨下，设置了一百二十平方米的木平台，可以让有游客静静的休息与遐想。此处水港较为狭窄，曲折的水岸逐渐应用鸡爪槭，形成与对岸植物的呼应（图 2-192）。

　　木栈道穿越的最大的绿岛就是港道草坪区块了，木栈道从岛屿的南边穿过，隐在枫杨、无患子、紫楠、鸡爪槭、桂花树丛中，是从另一个角度观赏草坪的途径。此处是树丛的南面，茂密的树林形成的是幽静的空间。而后穿越的岛屿是以无患子、紫楠为主要乔木的树林，既是草坪树丛的背景林，还与其他绿岛的植物景观有所变化。该岛屿是连接南入口区域的绿岛，植物景观相对简洁，强化南

图 2-192 鸡爪槭使得水岸更加秀丽

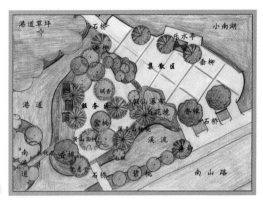

图2-193 南入口平面图

图2-194 服务区前的溪流

图2-195 南港道与南山路之间的溪流

7.3 南入口

公园南入口面临南山路而设，呈岛状，由四座石桥通入，别具特色。入口主要分服务区和集散区两部分，西面为服务区，有木栈道往西与港道观赏区相连，东面是集散区，由一石桥往北通向公园。服务区和集散区之间由两处自然形态绿地分隔，中间由四米宽的叠石踏步相连，两处不同功能的绿地互不干扰（图2-193）。服务区主要形式为乔木林、铺地，有木平台、服务房、林下休憩区、溪流绿地等部分组成。服务区北、西、东三面临水，沿着港道方向栽植垂柳、紫楠、苦竹、无患子等植物，在中心休憩区栽植薄壳山核桃、紫楠、枫香等高大乔木，与港道植物景观连为一体，将服务区掩映在树林中（图2-194、图2-195）。

服务区的南面紧临南山路，是四米左右的溪流，两侧栽植垂柳、碧桃、羽毛枫等植物，呈现较为精致的植物景观，提醒游客此处为入口区。集散区紧邻南山路，面对小南湖而设，由石桥、铺地、乐水亭和植物组成。三座石拱桥从南山路而入，迎面是两株大香樟，带给游人的是舒适与清凉。七百平方米的青砖打格青石铺地的集散广场面临小南湖铺设，临湖还建有四坡四方单檐的"乐水亭"，供游人等候与观赏所用，几株垂柳沿湖而植（图2-196）。集散区与服务区之间由两块长条形绿地相隔，北面绿地栽植杜英、玉兰、石楠、桂花等植物，形式密实的植物墙，分隔东西两处空间。南面为假山瀑布，利用假山的高度与山石缝隙内栽植的鸡爪槭、薄壳山核桃、梅，遮挡背面的服务区，假山前呈流水装的四季花卉，将水系自然引至入口处的溪流，别具匠心（图2-197）。公园的南入口没有醒目的大门，将所有入口的功能隐藏在树林与湖水中，既满足游人集散的需求，又可观景游览，东可观南屏山、雷峰塔、小南湖、苏堤等景观，西可观丛林溪流及自然花镜，是一处具有集散、入口、服务、观景等多种功能的综合性入口。

图2-196 入口广场与乐水亭

图2-197 树林下的假山更加自然

　　从南入口进入公园有两处游步道，一处是正门进入的三米多的主园路，一处是隐藏一旁密林中一米多的木栈道。主园路往北走，是秀美大气的港道草坪，从木栈道进入，则是在林中穿行，直通港道观赏区、远离都市喧嚣的水港与丛林（图 2-198）。

图 2-198 林中的木栈道远离都市的喧嚣

图 2-199　特大枫杨树下的空间特别安静

7.4 港道草坪

港道草坪主要的观赏内容是蜿蜒的树丛草坪，观赏区内除了静雅的植物景观以及园路外，仅有三处体量不大的硬质景观。东面沿湖设置了电瓶船的游船码头，西面有一座十六米长的平木桥，南面一株特大枫杨下有一处休憩的铺地及石座椅。高大的树丛、流水般的草坪，为港道草坪区营造出安静、清爽的游览空间。游人从喧闹的南山路进入园区后，既能感受到公园的宁静（图2-199）。

港道草坪的结构非常清晰，四周环绕的树丛、中心两千三百平方米左右草坪以及为游览而设的"丁"字形园路。此处的草坪边缘线极似港道的水岸线，曲折、蜿蜒。树丛配置层次丰富，有大乔木、中乔、小乔木和灌木、地被，植物间配置得极其密实，与草坪的开阔形成鲜明对比（图 2-200、图 2-201）。

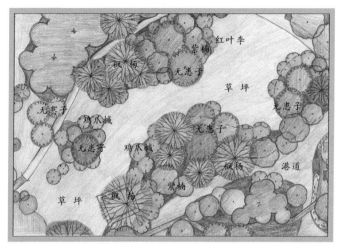

图 2-200 南港道草坪平面图

图 2-201 冬季游客悠闲地在草坪上休憩

图 2-202 翠绿的鸡爪槭枝叶是视觉的焦点

图 2-203 枝桠中雷峰塔稳稳立着

树丛第一层次主要应用枫香、枫杨这样的落叶大乔木，适当配置乐昌含笑等常绿大乔木，利用高大的落叶乔木撑起树丛的高度。第二层次应用无患子与浙江楠，利用无患子优美的伞状树形增加树丛的形态变化，利用浙江楠塔状树形与茂密的枝叶，即形成树形的变化，还增加树丛的密实度，与草坪的空旷形成对比。树丛的第三层次以鸡爪槭为主要观赏植物，搭配披针叶茴香、桂花，适当点缀红叶李。围绕树丛的外缘以鸡爪槭为主，密实成片的鸡爪槭倾斜向草坪种植，形成视觉焦点（图 2-202、图 2-203）。在鸡爪槭与无患子、枫香、枫香等落叶乔木之间，配置披针叶茴香与桂花等常绿植物，维持树丛在冬季的观赏效果。树丛的第四层次由洒金珊瑚、十大功劳等常绿灌木，搭配棣棠等观花灌木，第五层次由常春藤、吉祥草、书带草等常绿地被组成，形成密实而有变化的底层空间（图 2-204）。

图 2-204 草坪局部树丛平面图

图 2-205 秋季艳丽的鸡爪槭

图 2-206 冬季雪中的黑白图画

　　港道草坪区的树丛主要观赏的是落叶乔木，包括枫香、枫杨、无患子和鸡爪槭，为衬托出落叶植物的树形，选取塔状树形的常绿乔木组织空间。春季，鸡爪槭、无患子、枫香新叶嫩黄与翠绿，草坪区清新而有生命力。夏季，密实的树丛与翠绿的草坪，各种不同的绿色组成的树丛带着浓荫粉饰着翠绿的草坪，消解暑气。秋季，绚丽的红与金色的黄相继渲染着树丛，是草坪区最为灿烂的季节（图 2-205）。冬季，密实的塔形常绿树衬托着舒展的树枝，远处雷峰塔和夕照山隐隐约约延伸着游人的视线，在草坪中用黑白灰描绘着西湖的景致（图 2-206）。

8 蒋庄与魏庐

　　花港观鱼公园内有两处建筑群，分别是"蒋庄"和"魏庐"。"蒋庄"位于花港观鱼东大门南侧，紧邻苏堤东临小南湖而筑，原为"小万柳堂"，后蒋氏更名为"兰陔别墅"，俗称"蒋庄"，占地约五亩，现为国学大师马一浮先生纪念馆，浙江省级文物保护单位（图2-207）。

图 2-207 蒋庄外景

图 2-208 光影下的水磨石花饰群墙

图 2-209 蒋庄平面图

8.1 蒋庄

"蒋庄"建筑群由主楼与东西楼组成，分别建于一九〇一年和一九二三年。主楼建筑为中西合璧风格的混凝土结构两层楼房，三开间，单檐歇山顶，四周围栏挂落与西楼相接。西楼为整个建筑群附楼，水磨石地坪、西式门窗、水泥花格挂落、彩色玻璃以及水磨石花饰墙裙，无不与主楼中西合璧风格相得易彰（图 2-208）。东楼位于庭院的东北面白粉院墙内，过了圆洞门即可见正面重檐、背面有两角壁亭、南北面为观音斗式山墙的二层建筑。楼前布置了五百平方米左右的庭院，沙朴与合欢各占据庭院一角，鸡爪槭和龙柏是中心草坪的主景，十余株植物描绘出具有传统庭院特色的植物景观（图 2-209）。

"蒋庄"的空间布局为前堂后园的形式，主楼正前方是两百多平方米的方正庭院，对称栽植桂花与广玉兰各一株。主楼东面为一千多平方米的花园，由竹林、草坪、假山水景以及沿湖绿带组成（图2-210）。东楼院墙外是由太湖石假山、水池、院墙、圆洞门以及鸡爪槭、竹林组成的山石水景（图2-211）。庭院中心是休憩的草坪空间，配置了一株大紫荆（图2-212）。

图 2-210 蒋庄内清秀的竹子

图 2-211 假山与圆洞门

图 2-212 紫荆草坪

　　园路沿湖而建，湖边栽植垂柳。庭院东，"T"型混凝土花架内是通向苏堤的石桥，精致的混凝土预制图案传统典雅，满架的木香渐生古意。主楼东南侧一座"府照亭"是赏湖休憩的极佳场所，建筑依广玉兰而建，是面临小南湖的回廊式水榭，歇山式山墙、灰色筒瓦屋面，配以古式长门、朱红柱子、拼花水磨石地坪，前方种植鸡爪槭、垂柳与之相配，灵巧而不失稳重（图2-213）。

图2-213 小南湖上依着广玉兰的府照亭

8.2 魏庐

　　魏庐又名惠庐，位于公园北侧，为二〇〇三年复建，占地约两千平方米。建筑群由重檐歇山顶的清庐堂、单层歇山寻梦轩、撷秀亭以及连廊、正厅组成，采用波萝格木材、小青瓦、青砖地坪，花格门窗、围栏、坐凳等均采用传统材料与工艺，具有浓郁江南园林建筑特质。围合式的庭园内为二百五十平方米的自然水池，池内蓄养红鱼。水池为湖石护岸，岸边配置红枫、鸡爪槭、竹等植物，整个中庭古朴典雅。栗壳色的传统建筑、清雅的水岸植物、鲜艳的红鱼，构建了另一赏鱼佳处（图 2-214）。

图 2-214 魏庐内的水池与红鱼

图 3-1 花港中悠闲的鱼

第三篇

因借之法

　　"巧于因借，精在体宜"是《园冶》这本造园之说的精髓。"因"、"借"、"体"、"宜"也是计成在《园冶》中提出的造园的四个重要概念。花港观鱼公园在传承历史的园名与特色的同时，充分挖掘"因借"之法，借传统的造园手法于现代公园的造景艺术中。

1 因势布局

《园冶》把因借外在条件为造园的基本原则。"因"是就地造园，利用地理、水体、植物、气候、风景等所有现实自然条件和地理条件来规划、构思园林。这个"因"字是人对自然的顺应与改造，包含了天地自然和艺术之心。公园表现了因名立意、因地成形、因水构图、因人而作等几方面。

1.1 因名立意

由于公园的历史渊源，名与意在改建之前就非常明确，"花"、"港"、"鱼"是公园的主题。这些自然属性的主题，确定了公园是在这特定的地域环境中再现花之繁茂、港之幽深、鱼之悠闲（图3-1至图3-3）。

图3-2 花港中热闹的花 　　　　　　　　　图3-3 花港中安静的港

1.2 因地成形

公园扩建工程以遗存的一八六九年（清同治八年）重建的池与碑为基础（位于现公园东大门的西侧），划入苏堤以西、杨公堤以东、南山路以北的范围。公园处于山水交汇处，前依南屏山，西靠西山，北临西里湖，南面环抱小南湖。全园两面环山、两面环水，地势由西北向东南倾斜，保留东大门南侧的私家园"蒋庄"，以及东大门北侧的鱼池与碑亭，整体布局依托自然地形进行筑山理水。

利用自然山形整理地势，形成由奥至旷的地形。在西南角的山丘建造密林，形成天然的屏障，遮挡杨公堤路面，为丛林区。整理中部北面的山坡，堆叠假山石，以花王牡丹为主题，精选红枫、梅花、杜鹃、黑松、紫藤等观赏植物，设计回旋曲折的鹅卵石小径，形成高低错落、步移景异的牡丹园（图3-4）。

图 3-4　牡丹园外景

整理中部南面的草坡，栽植芍药与北部的牡丹呼应，延长观赏季节，上部选择鸡爪槭、红枫为主要观赏植物，增加秋季的观赏效果，形成芍药圃（图3-5、图3-6）。北侧沿西里湖一带，设置自然草坡，以雪松为骨干树种分隔空间，沿湖散植垂柳，将西里湖与苏堤的景致引入园中，同时保留原红栎山庄的藏山阁于叠石假山之上，形成藏山阁草坪区（图3-7）。

图3-5 春季芍药圃

图3-6 秋季芍药圃

图3-7 冬季的藏山阁草坪

1.3 因水构园

"立基先究源头，疏源之去由，察水之来历。"是《园冶》中对水景的描述，造园需要通畅的水脉，水要有源头。公园通过梳理水系，营造山水交融的格局。东北部利用原有的荷塘开掘成自然形态的水池，池内筑岛修堤，形成大小不一的三个水面，养殖红鱼，配置海棠、日本早樱、碧桃等早春观花植物，重现"花喂鱼身鱼喂花"的景象，形成花繁鱼跃的红鱼池景区（图3-8）。西侧与南侧港道区内用狭长的水面形式将水系与西湖贯通，水体沿杨公堤往南流，在公园的西南角错落交织形成水网后往东北面流入小南湖，营造出"港"氛围，港岛两侧栽植密林与丰富的林下植物、水湿生植物，形成港道区（图3-9）。保留古迹鱼池与碑亭，四周栽植密实植被，形成鱼池古迹区。

图3-8 花繁鱼跃的红鱼池

图3-9 宁静的港道区

通过保留历史建筑，梳理原有地形条件表现公园主题，公园就自然形成蒋庄、鱼池古迹、丛林、牡丹园、芍药圃、大草坪、红鱼池、和港道八个区，并确立不同的植物主题，形成以植物造景为主的公园特色（详见图2-1）。

蒋庄以古朴典雅的私家庭院风格，保留在公园东大门的南面，植物以绿色为主。鱼池古迹亦位于南大门边，以树丛与蒋庄相隔，植物呼应苏堤的柳和桃，点缀二乔玉兰丰富早春色彩。丛林区位于公园西面，紧邻杨公堤，应用密植的形式成为公园与杨公堤的阻隔，适当点缀垂柳、桃花与槭树科植物，形成色彩的变化。牡丹园位于中部山坡，以六角重檐亭为中心、牡丹为主要观赏植物，点缀山石，配置杜鹃、紫藤、槭树、玉兰等植物，极小的卵石园路隐藏在花丛中。芍药圃位于公园的中部，开阔的草坪，片植的鸡爪槭、红枫，林缘的芍药，是园区的主要观赏植物，适合春秋两季游览。大草坪观赏区位于公园的北部，挺拔的雪松映衬下的是日本樱花、二乔玉兰、垂柳、鸡爪槭、紫薇等植物与草坪配置而成的秀美景色。红鱼池以垂丝海棠、日本樱花、垂柳为主要观赏植物，营造繁花似锦的热闹景致。港道区应用无患子、薄壳山核桃、紫楠、枫香、枫杨、水杉等高大乔木，形成以水港、乔木为主要观赏对象的密林，彰显自然。

2 得景随机

"构园无格，借景有因……因借无由，触情俱是"。"借"就是在有限的空间中借出无限的景致，主要有远借、邻借、仰借、俯借、应时之借等方法。

2.1 远借

花港观鱼园外山水秀美旖旎，公园四周或草地、或亭廊、或疏林、或水体，意在收纳东面的苏堤、映波桥、夕照山、雷峰塔，南面的南屏山，西面的西山，北面西湖国宾馆的风光为公园所用。

公园北临西里湖，沿湖布置缓坡草地，园路依水岸线而设置，岸边稀疏配置垂柳与座椅，将西湖国宾馆与苏堤的景致引入园中，形成秀丽的长画卷（图3-10）。

图3-10 公园北面园路远借的山水

图 3-11 古鱼池借的苏堤景色

图 3-12 滨湖花架廊引夕照山、雷峰塔、小南湖入园

古鱼池与苏堤相邻，池边稀疏栽植桃和柳，将苏堤的景致借入园中，相互呼应（图3-11）。

滨湖花架长廊位于红鱼池区的一角，沿小南湖西北岸而建。廊边点缀绣球荚蒾、红叶李、鸡爪槭等中层观赏植物，不仅将夕照山、雷峰塔、南屏山引入廊内，还将南屏山引入红鱼池（图3-12）。

红鱼池最热闹的曲桥处，借南屏山为竹廊区域的背景，山峰的位置恰在竹廊的旁边、水池的最深远处，丰富了立面，强调了水池的围合感，还将游客的视线引向远方（图3-13）。

图 3-13 红鱼池曲桥处借南屏山围合空间

为借苏堤上的映波桥入园，在正对映波桥的区域开挖水港，将丛林区的水系通过此处水港与小南湖水面接通，岸边栽植密实植物，遮挡牡丹园与芍药圃的景致。港上架桥，树丛在水面中收放自如，映波桥若隐若现，成为公园的一部分。在丛林区往东看，苏堤成了公园的背景，给人以无限的想象（图3-14）。

丛林区的水系设置了些许小水面，水湾将南屏山借入园中，山体和密林减弱了杨公堤对公园产生的干扰，同时借山体强调密林区幽深的意境（图3-15）。

公园南面南山路入口处，布置大块的铺地，不仅为游客提供了集散空间，还将小南湖、夕照山和雷峰塔借入园中，勾勒出优美的画面。

图 3-14 忽隐忽现的映波桥成为公园的一景

图 3-15 港道区借远山强调幽深意境

2.2 邻借

邻借是园内互相对应，相互借景。公园中移步异景，巧妙利用曲折的园路与灵活的植物造景手法，借各种景致于游览中。整体的树丛往往是邻借的主要对象，通过空间的开合变化，将邻近绿地的植物景观与建筑、小品引入游览中的游人视线，并随着观赏角度的变化而变化。

2.2.1 草坪空间的邻借之法

借临近的树丛过渡，形成独立却有联系的多个空间，展现深远意境。

藏山阁草坪是公园北部绿地的重要观赏区，东西两侧配置雪松收拢视线，中部以二乔玉兰为主的树丛成为空间的重心，而玉兰树丛的西北侧散植了几株日本早樱，早春时节不仅配合玉兰营造春花烂漫的景象，还若隐若现地遮挡着北面的植物景观，引发游人前往探寻背后更美、更大的樱花林，产生小中见大的奇妙效果（图3-16）。

图3-16 远处的日本樱花诱人前往

图 3-17 日本樱花借雪松、水杉、垂柳为背景展现娇媚

借临近植物为背景，强调空间的围合感，展现植物的风格特点。公园北部，一万五千平米的雪松草坪临西里湖而设，简洁的空间仅在东、西、中部种植了三组树丛，借园路南面密植的广玉兰甬道为背景，增加草坪空间的围合感，减少南面红鱼池区对雪松草坪区的干扰，尽显草坪的简洁大气与雪松的雄伟坚毅。西侧的日本早樱林，则借雪松密实的树体与深绿的叶色为背景，反衬樱花的娇柔与秀美（图 3-17）。

图 3-18 牡丹亭是周边草坪的观赏主体

牡丹亭南面应用开敞的草坪空间，借牡丹亭景致为背景，东西两侧配置树丛形成收拢的视线，成为欣赏牡丹亭全景的佳地（图 3-18）。

"嘉则收之，俗则挡之"，借临近植物形成挡景、中景或前景。蒋庄南面，一组鸡爪槭、黑松树丛设置在草坪的一角，在红鱼池东面园路上观赏，树丛遮挡了蒋庄围墙边单一的植物景观，形成优美的前景（图 3-19）。

图 3-19 蒋庄借黑松、鸡爪槭树丛为前景

2.2.2 水岸空间的邻借之法

借对岸之物与岸边之物共同组景，描绘着美丽而灵动的画面，是最常用的方法。

岸边最常用的组景方式是借对岸植物形成对景，红鱼池中心岛的植物配置就是典型的对景造景手法。红鱼池中心岛三面环水，中心岛的植物景观对应红鱼池周边园路，分别成为竹廊、红鱼池北园路与红鱼池西园路的对景。

红鱼池北园路是进入红鱼池曲桥的园路，正对中心岛的北侧。曲桥两侧，借中心岛的垂丝海棠、日本早樱，营造热闹的观鱼氛围（图3-20）。

图 3-20 曲桥两侧互借对岸的植物营建氛围

图 3-21 红鱼池借中心岛的水岸线与植物自然过渡空间

图 3-22 中心岛植物是对岸的观赏主景

曲桥的西侧，借中心岛鸡爪槭林为对景，在池岸线突起部位对应种植鸡爪槭，将曲桥中心的热闹逐渐过渡至安静的休息区（图3-21）。中心岛的黑松与鸡爪槭树丛则是红鱼池西岸的对景（图3-22）。

弱化周边的植物景观，是邻借的另一种手法。邀山长廊的北面是热闹的红鱼池区域，长廊的南面设置与红鱼池相通的小池塘，将池水引入小南湖。该池塘边密植南川柳、垂柳、红叶李、云南黄馨等植物，营造幽野的空间，反衬出红鱼池植物景观的热烈与绚丽（图3-23）。

图 3-23 借水岸边茂密的植物营造幽野气氛并反衬红鱼池的热闹

图 3-24 竹廊借香樟高大树形和浓密枝叶营造宁静画面

图 3-25 竹廊借日本樱花和垂丝海棠增加俏皮色彩

图 3-26 花丛中的竹廊热闹而不失清新

2.2.3 建筑小品的邻借之法

花港观鱼公园在植物造景时，借亭、榭、桥、廊等元素在各个区块中，形成视觉的焦点，增加游览中的趣味。

红鱼池的竹廊是公园体量较大的一组建筑，因此在竹廊对岸以及竹廊的四周，都借竹廊这个建筑主体勾勒画面，形成效果各异的多个空间。从竹廊对岸观赏，清新的竹廊、简洁的香樟背景、安静的水面，营造出宁静的画面（图 3-24）；从竹廊对岸的西南面观赏，竹廊南侧绿地点缀着一株垂丝海棠和一株日本早樱，画面增加了些俏皮的色彩（图 3-25）；邀山花架廊南面的石桥边配置了海棠与樱花，此处繁茂的粉色花枝成为前景，与对岸的海棠、樱花呼应，竹廊在百花丛中，热闹而不失清新（图 3-26）。

图 3-27 春季石拱桥借新叶营造浪漫温馨的空间

花港观鱼处于山水交融之处，港与池由许多石桥相连，古朴的石桥也成为各块绿地的因借之物。例如丛林区有一座小型的石拱桥，选择水杉作为背景，桥两边配置垂柳与鸡爪槭，在春季嫩绿的叶色尽显春的气息（图3-27），在夏季茂密的枝叶展现丛林的幽深与安静（图3-28）。

图 3-28 夏季石拱桥借植物的绿色展示丛林的幽深与安静

图3-29 红鱼池借垂柳的倒影映衬红鱼的艳丽

图3-30 溪流两侧借落花诉衷肠

图3-31 梅影坡借卵石拼图表现"疏影横斜水清浅"的意境

2.3 俯借

俯借的方式很多，可以是登高望远，也可以是桥上观鱼，还可以是静赏湖水倒影。借助植物的树影、落花、落叶营造不同的地面景观，借助水中倒影强调岸上风情，这些手法在花港观鱼公园中比比皆是，似信手拈来、又独具匠心。

借水中之物。"红鱼"是花港观鱼的重要主题，借红鱼与倒影，是增加水景观赏性的重要方法。红鱼池曲桥北面，为突出红鱼的效果，岸边种植垂柳，利用倒影中柳树的颜色突出红鱼的艳丽（图3-29）。花港观鱼以花为主题，在溪流的两侧栽植桃花，借溪流中的花瓣诉说落花的情绪，也是借用水中之物的佳例（图3-30）。

借园路表现意境。梅影坡是牡丹园的经典之作，借一株老梅树与卵石路面上铺设的梅影图案，表达"疏影横斜水清浅"的诗句意境（图3-31）。

图 3-32　二球悬铃木旁借白鸽营造和谐画面

2.4 仰借

仰借指借蓝天、白云、日月繁星、飞鸟等成为园中的景致。

红鱼池东侧的悬铃木树丛边，有一群鸽子，当鸽子从头顶飞过，碧绿的草坪、湛蓝的天空和洁白的鸽子组成和谐的画面（图 3-32）。

阳光是自然界赋予人类最奇妙的东西，生命都需要阳光，不同角度的阳光演绎着多样的风采。花港观鱼公园借阳光这种特殊的属性，在各个季节展示树叶的不同。春季，走在牡丹园南面的鸡爪槭林下，偶尔抬头，新叶透过阳光的照射显示出幼儿般的娇嫩（图 3-33）；秋季，从红枫林的北面走过，透过阳光的枝叶显得更加绚丽更加温暖（图 3-34）。

图 3-33　春季的鸡爪槭林

图 3-34　秋季鲜红的鸡爪槭

图 3-35 春季烂漫的花港

图 3-36 夏季宁静的花港

图 3-37 秋季绚丽的花港

图 3-38 冬季平和的花港

2.5 应时之借

应时之借是借一日之间的阴晴、晨曦、夕阳和一年四季的景色。

花港观鱼的植物造景特别重视季相的变化。春季，栽植海棠、樱花、玉兰、茶梅、桃花、牡丹、紫藤等植物于红鱼池、雪松草坪、藏山阁草坪、牡丹亭等区域，配合鸡爪槭、红枫、垂柳等或嫩绿或鲜红的叶色，展现春花烂漫的景色（图 3-35）。夏季，纷繁的枝叶与浓密的树荫将全园营造出宁静的空间（图 3-36）。秋季，芍药圃及港湾区大量的红枫、鸡爪槭，配合无患子、垂柳、水杉等色叶乔木，借油画般的色彩与画面让游客感受到秋的成熟（图 3-37）。冬季，借用压不垮的雪松与垂柳、合欢、乌桕等植物的枝干，讲述冬天的故事（图 3-38）。

3 精在体宜

　　"体"是指园林之体，是一种亲和关系，包含了艺术的辩证法，既要对园林进行整体的设计，又要安排整体中的变化统一，妙在一个"宜"字。花港观鱼的植物配置，精在整体协调而又富有变化。

3.1 灵动的空间

　　"宜"不是按照一种固定的原则去实现，而是一种灵活的态度。公园南入口的草坪面向小南湖而设，草坪上树丛的林缘线模拟曲折自然的水岸线，仿佛是借"水形"将西湖水引入了园内，用植物的收放营造空间的变化，表现深远的意境，恰是巧妙（图 3-39）。

图 3-39 树丛营造的变化空间

图 3-40 春季悬铃木成为背景

图 3-41 园路上悬铃木是挡景

借植物组合空间，形成空间的流动与协调统一。藏山阁草坪区为公园北面品字形的三块草坪空间，雪松分别配置在三块草坪的交界处与东、西两端，是统一三个空间的植物。西侧草坪特色植物是樱花，雪松之间是开阔的休憩空间，部分面对小南湖，部分面向南面的玉兰埂道，将小南湖的景致引入园中。中部草坪特色植物是紫薇，面向小南湖，形成南密实北开敞的空间，以观赏苏堤风光为主。东部藏山阁草坪特色植物是二乔玉兰，南面开敞，北面局部放开形成与中部紫薇草坪的空间交流。三个空间既统一具有整体性，又有各自的特色植物与空间变化。

借用植物体量的对比、色质的变化，取得空间的延伸。红鱼池东侧有一组高大的悬铃木树丛。冬季，悬铃木和垂柳金黄的枝干共同形成曲桥的框景。春季，垂柳先于悬铃木发芽，高大的悬铃木成为背景，沿着池边的园路往东走，悬铃木树丛立在园路的终端，挡住了背后的疏林草地，空间的收放营造出柳暗花明又一村的意境（图 3-40、图 3-41）。

图 3-42　秋季芍药圃的鸡爪槭、杜鹃与芍药

3.2 诗情画意的植物景观

　　借植物为画笔描绘风景是花港观鱼植物造景用得最多也是用得最成功的。两三株植物可以成景、树丛可以成景、一片树林也可以成景……红鱼池曲桥的南端，一株黑松、一株海棠即形成景观单元。藏山阁草坪中心位置有一组约九百平方米的树丛，应用二乔玉兰、广玉兰、桂花、樱花等植物的合理配置，成为主景。而红枫区域片植的红枫、鸡爪槭与底层的杜鹃同样组合成动人的图画（图 3-42）。

图 3-43　垂柳纱幔

　　植物不仅可以成为对景，还是框景、透镜、漏景的好材料。红鱼池边的垂柳是最典型的案例。中心岛的植物是红鱼池外围水岸观赏的美丽对景，沿外围水岸边稀疏种植了垂柳，秀美的树形为中心岛的植物景观营造了美丽的前景与框景。柳树下透过柳枝，对岸景色则显得更加妩媚（图 3-43、图 3-44）。

图 3-44　垂柳框景

借植物的色、形、体，体现建筑，展现相得益彰的景观。花港观鱼建筑周边的植物充分考虑建筑的色彩、体量与观赏角度进行配置。例如红鱼池的竹廊体量较大，色彩淡雅，统一的香樟背景树不仅在色彩上与建筑协调，其饱满高大的树形还弱化了建筑的体量。

借植物之影。在草坪边缘稀疏栽植高大乔木，借植物之影为游客带来清凉，同时留下斑驳的树影，丰富草坪景观。如藏山阁草坪南侧园路边，点缀数株无患子，平整碧绿的草坪上投下自然的枝丫，不同种类的鸟儿在草地上觅食，营造出和谐美丽的动人画面（图3-45）。密林区紫藤花架廊的对岸是芍药圃，沿水岸栽植了一株无患子、一株红枫，借水中的倒影强调色彩，将无患子与红枫拉近，将背景红枫林推远，不仅突出了主题，还小中见大、引人入胜，给人以无限想象。红鱼池中心岛有一组日本早樱树丛，借水中的蓝天倒影构图，樱花的倒影好像蓝天中的云霞般，产生奇妙的效果（图3-46）。

图 3-45 无患子的影子和白鸽丰富了草坪景观

图 3-46 水边的樱花借倒影与蓝天产生奇妙的效果

图 4-1 香樟对景

第四篇

走进植物

1 植物材料的多样性

花港观鱼应用的植物材料非常丰富，其中木本植物就包括了六十三个科，近两百种的植物为公园的植物景观营建提供了丰富的材料，并形成四季有景、四季可赏的以植物景观为主要观赏对象的特色公园。

上层应用的大乔木以香樟、浙江樟、紫楠、麻栎、白栎、苦槠、青冈、板栗、枫杨、垂柳、黑松、马尾松、沙朴、榔榆、珊瑚朴、合欢、玉兰、南酸枣、乌桕、枫香、无患子、杜英、珊瑚树等乡土植物以及广玉兰、雪松、薄壳山核桃等非常适合本地气候的外来物种为主。

中层的观赏植物以垂丝海棠、西府海棠、日本樱花、梅、桃、红叶李、琼花、紫荆、紫薇、蜡梅等落叶观花植物，鸡爪槭、红枫等色叶植物，以及桂花、构骨、石楠、山茶等常绿植物为主进行配置，体现花海的景象并起到围合小空间的作用。

底层植物以月季、蔷薇、喷雪花、光叶绣线菊、麻叶绣线菊、茶梅、贴梗海棠、日本海棠、金丝桃、牡丹、芍药、杜鹃等观花植物，大叶黄杨、瓜子黄杨、龙柏、铺地柏、米针柏、南天竹、长柱小檗、十大功劳等常绿灌木，以及八仙花、臭牡丹、沿阶草、洒金珊瑚、常春藤等耐阴地被，构建多样的植物景观。

2 植物配置方式的灵活性

不同体量的植物在配置中有着各自的作用，高大的乔木是组织空间、勾勒林冠线的最佳植物材料，中层的观赏植物常常是小空间的主景，而底层灌木与地被的灵活性充分体现在组景中。花港观鱼公园不仅充分利用植物类型的特点进行空间分隔与组景，还充分挖掘每种植物的观赏特质，利用多样的配置手法充分展现该种植物的不同风情。

2.1 大乔木的配置

大乔木是营建植物景观的骨架树种，它的选择与配置直接影响了绿地的空间、色彩与风格。花港观鱼公园植物景观是植物组景、植物分隔空间的典范，其中大乔木应用的种类繁多，不仅有紫楠、浙江紫楠、麻栎、苦槠、青冈、沙朴、枫杨、榔榆等乡土树种组成与山林延续的丛林，还充分利用香樟、广玉兰、垂柳、悬铃木、薄壳山核桃、无患子等特色乔木的体量、形态、色彩变化，引导游人观赏，并形成不同空间内的主景、背景、林冠线。

香樟树形高大饱满、枝叶浓密，舒展的树姿形成庇荫的场所，也在树丛中起到协调作用，非常符合西湖清新秀丽大气的特质，是杭州的市树。花港观鱼公园中香樟在各个观赏区应用频率不高，但是遍布

图 4-2 香樟挡景

图 4-3 香樟框景

整个园区，营造着宁静和谐的气氛。古鱼池西面的林徽因像就伫立在一株临湖的大香樟下，粼粼的波光中，高大的香樟为这位美丽而且智慧的江南才女遮荫避雨，也将西湖的山水、西湖的文化融入园中。牡丹园中，香樟

图4-4　藏山阁草坪内的点植广玉兰产生空间的流动

图4-5　丛林区围合空间的广玉兰

图4-6　红鱼池内形成色彩与天际线变化的广玉兰

用它浓密的树冠包容着所有的植物，或背景、或挡景、或林荫树、或林冠树，描绘着和谐而独特的画面。红鱼池东，香樟用其饱满的树形围合空间，红鱼池内的繁花似锦与小南湖的宁静互不干扰，厚实的香樟林与背景南屏山融为一体（图4-1至图4-3）。

广玉兰树干挺拔，叶片光亮浓绿，花色洁白，花香悠然，具有独特的韵味，是公园的基调树种。该树种在藏山阁和红鱼池观赏区应用较多，最为知名的就是玉兰埂道。雪松草坪与红鱼池之间有十至二十米不等宽的绿地相隔，绿地内以广玉兰为主要树种，配置了山茶等其他常绿观赏植物，利用广玉兰低分枝点的树形与浓密的枝叶将有着不同风格的两处观赏区分隔，形成两个相对独立的空间。广玉兰树姿优美，适合在草坪中孤植或丛植，营造不同的草坪空间。藏山阁草坪中，藏山阁的背景树丛中应用了广玉兰，草坪边缘配置了六株广玉兰，两者遥遥呼应，形成流动的空间与变化的空间。早春时节，盛开的玉兰、樱花和笑靥花在浓绿高大的广玉兰下显得更加粉嫩，散发着浓郁的春的气息。从藏山阁草坪南面园路游览，沿路的广玉兰在行走中勾勒着不同的画面。从藏山阁北面的园路观赏，六株广玉兰巧妙地组成背景，将游人的视线集中在二乔玉兰和樱花中。丛林区有一处草坪空间，利用广玉兰分枝点低、树形紧密的特点，围合出隐秘的空间（图4-4至图4-6）。

图 4-7 水岸边间隔种植的垂柳

图 4-8 假山石下成为林荫树的垂柳

图 4-9 秋冬季如金丝的柳枝

　　垂柳秀美多姿，细枝随风飘舞，与水柔情相依，别有雅致，是西湖的特色植物，也是花港观鱼公园水边的主要观赏树种。公园中的垂柳皆以间隔种植为主，但是与不同的水岸形式、背景植物、对景植物配置时，展现出截然不同的效果。红鱼池和密林港道是公园的主要水系，公园中的垂柳主要应用在这两处的水岸边以及临西湖的水岸边。红鱼池曲桥两侧，垂柳作为主要的观赏乔木种植在统一的浓绿的背景树丛前，配置手法简洁，突出的是柳树的姿态与叶色。春季嫩绿的柳枝形成绿幔衬托出水中的鱼，蒙着对岸绚丽的花海若隐若现，极有家装中纱帘的妙趣。秋冬季，柳丝犹如金线，似刺绣，在深色背景中脱颖而出，成为主角。夏季，淡绿的柳叶使树丛更加清新。密林港道中，垂柳穿插种植于树丛中，或形成前景、或突出天际线的变化、或展现柔美的姿态、或产生色彩的调和，与岸边其他植物形成整体树丛，营造隐秘、幽静的环境（图 4-7 至图 4-9）。

悬铃木树形高大通直，树冠广阔，秋季叶色金黄，既是优秀的行道树，又非常适合作为庭荫树应用。公园内应用悬铃木作为主景的主要有两处，一处为红鱼池东侧四株悬铃木，一处为牡丹亭西的七株悬铃木，皆以丛植的方式，既营造林下休憩空间，又形成空间的变化。红鱼池东的悬铃木树丛利用悬铃木树形高大的特质，配置为庭荫树，在红鱼池范围内形成天际线的至高点，引导游人视线，并成为结合红鱼池东侧多组树丛的纽带，将红鱼池东面空间内的植物景观有机结合（图4-10、图4-11）。牡丹亭西面由密实的香樟桂花林围合出一千三百平方米左右的缓坡草地，坡地由西北向东南倾斜，西南面高处配置六株合欢、东面低处配置了七株悬铃木。悬铃木树丛树形高大，紧邻牡丹亭呈长条状种植，虽配置在低处，仍然成为空间的主景。成丛的大乔木给人以安全感，林下既有充足的光线和开阔的视线，还能遮挡过于强烈的阳光。开敞的林下空间还设置了大型卵石，是学校郊游首选的休憩之地（图4-12）。

薄壳山核桃和无患子是公园主要的秋色叶乔木树种，在芍药圃与港道区应用较多。薄壳山核桃树丛高大，树干通直，秋叶亮黄，是营建树丛天际线变化的主要植物。无患子伞状树形，体量中等，入秋后叶色金黄，是极佳的观赏乔木，一般用于草坪空间或水岸边。公园内，藏山阁草坪、芍药圃草坪、南入口草坪均应用无患子，丰富季相变化。藏山阁草坪在园路边点缀无患子，形成具有光影变化的"灰空间"。芍药圃配置了以无患子为主要上层乔木的树丛，展示无患子优雅的树形，结合中层的桂花、鸡爪槭以及底层草花，形成园路优美的对景。南入口草坪利用无患子的体量，成为二层乔木的主要树种，丰富树丛的层次。港道区应用无患子和薄壳山核桃较为相似的叶形，构建出变化而和谐的乔木景观。

图4-10　红鱼池边引导游人视线的悬铃木

图4-11　悬铃木树丛在红鱼池范围内形成天际线的最高点

图4-12　丛林区内的悬铃木树丛

2.2 中层观赏植物的配置

花港观鱼公园，不仅应用丰富的植物材料构建美丽的风景，而且同一种植物的配置方式也是因地制宜且具多样性的。特别是中层观赏小乔木配置的合理性与多样性，是花港观鱼公园的一大特点。中层的小乔木与人的视线高度吻合，成片的小乔木也具备一定的体量，因此不仅是组织小空间的重要材料还是游赏空间内的主要观赏对象（图4-13）。

图4-13 公园里垂丝海棠、日本樱花等中层小乔木是重要观赏对象

图4-14 洁白的樱花如云如霞

图4-15 盛开的垂丝海棠

2.2.1 观花小乔木

樱花和海棠是公园内应用较多的观花小乔木。

樱花在早春先叶开放，满树的粉红与洁白，如云如霞，展现出山花烂漫的景象。而樱花的花期很短，一般单朵花只开一周左右便凋落，因此经常会有樱花边开边落的壮丽景象，时常引得游人感叹樱花的娇媚与灿烂，而落花也成了樱花最美的时刻（图4-14）。

海棠是对蔷薇科苹果属一类植物的俗称，是先叶后花或花叶同出的观花小乔木，花蕾红艳，盛开时渐变粉红，娇嫩而楚楚有致。花港观鱼公园内应用的主要有垂丝海棠和西府海棠两种（图4-15）。

樱花和海棠都是春季开花的观赏小乔木，在花港观鱼公园内都不是最主要的树种，却在雪松草坪景区、红鱼池景区、密林区或孤赏、或三五成丛、或片植成景，营建出其他树种无法替代的多种景致。

独株的樱花或海棠在其他植物的衬托下非常醒目，可以单独成景，也可以和其他植物配置成为景观单元，还可以种植在树丛内引人入胜。牡丹园西侧树丛中配置了一株樱花，早春时节，纷繁的花朵挂在枝头，配合着嫩绿的新叶，展示出树丛的清新与秀丽，在园路上望去特别醒目（图4-16）。红鱼池曲桥边一株垂丝海棠和一株黑松就组成了一个景观单元，粉红的海棠花在苍穹的黑松前显得更加柔美（图4-17）。红鱼池石桥边一株垂丝海棠、一株樱花、一株广玉兰形成一组，浓绿的广玉兰成了很好的背景和障景，樱花的纯洁和海棠花的妩媚在水边盛开，明媚灿烂（图4-18）。樱花和海棠不同的花期不仅可以延长观赏时间，还为该组植物营造出变化多样的风采。

图4-16 牡丹园西侧的日本樱花

图4-17 红鱼池边的黑松与垂丝海棠树丛

图4-18 日本樱花与垂丝海棠在广玉兰背景下明媚灿烂

　　樱花和海棠更适合三五成丛或者成片栽植。在草坪内片植、栽植园路两侧、配置在林缘、倾浮在水边……不论在小空间还是在大草坪内，不论是在山坡上还是在水岸边，不论是一种植物的片植还是多种观花小乔木的混植，都展现着独特的魅力。密林区，有一组樱花林，位于悬铃木、合欢草坪的西侧，栽植在由园路环抱而成的绿地内。从密林区望去，远远的一片白雪引人前往；走在林间，可以享受花雨的芬芳；在草坪上休憩，洁白的花海让空间更加安宁，是可游可赏可留影可休憩的好去处（图4-19）。

图4-19 洁白的樱花让空间更加安宁

图 4-20 成片的日本樱花常常是观赏主体

雪松草坪的一处樱花林，以雪松为背景成片栽植，走在园路上远远望去，粉色的云霞在浓密的树林前简洁大气而不失秀美，与园路北侧的湖堤景观融为一体（图 4-20）。红鱼池中心岛东侧，成片栽植了樱花，从对岸长廊望去是夺目的主景，在岛中游赏樱花又成了重要的前景和框景，与竹廊形成清新雅致的风景（图 4-21）。牡丹亭的东南角游步往滨湖长廊的园路，园路两侧茂密的垂丝海棠和对景的樱花、海棠，使游客畅游在花海中，洋溢着温馨和幸福。而对景的樱花和海棠不仅有着延续花海的作用，还可利用植株高度的不同和稀疏的花枝，形成障景、透景和框景的效果（图 4-22）。

图 4-21 日本樱花与湖堤景观融为一体

图 4-22 樱花海棠对景

2.2.2 观叶小乔木

鸡爪槭、红枫、羽毛枫是公园主要应用的色叶植物。槭树科植物大部分树形美丽，春秋两季色彩鲜艳，在公园内应用广泛。色叶植物可以利用树形与叶色的变化与其他观赏植物组景，其植物景观往往色彩艳丽、层次丰富；也可以展示自身的色彩独立成景，形成简洁大气的植物空间（图 4-23）。

图 4-23 红枫与羽毛枫组成的小空间

图 4-24 红枫与梅花

图 4-25 红枫与杜鹃

槭树科植物的个体非常美丽，其舒展的片层状枝叶与明快的色彩，可以与各种植物配置成为景观单元。牡丹亭就是应用松柏类植物、槭树科植物、杜鹃、牡丹、紫藤等为主要观赏植物建成的可游可赏的大盆景，其配置手法充分体现了槭树科植物的观赏特质。红枫与黑松、红枫与紫藤、红枫与牡丹、红枫与羽毛枫、鸡爪槭和杜鹃、鸡爪槭与牡丹、鸡爪槭与红枫、羽毛枫与五针松、羽毛枫与杜鹃等等，众多的配置不仅独立成景，还与其他组合共同形成瑰丽的牡丹园大场景（图 4-24 至图4-26）。

图 4-26 红枫与黑松、羽毛枫

图 4-27 水岸边的红枫、紫藤在绿色背景中突显

图 4-28 竹廊边的鸡爪槭、羽毛枫和红枫形成色彩与高度的变化

　　公园内其他区域的植物配置沿用牡丹园的手法，形成类似的景观单元。藏山阁南面一组黑松、红枫、鸡爪槭、羽毛枫、杜鹃树丛，春季鲜艳的红、脆嫩的绿、柔美的树形与浓绿的黑松、杜鹃组成了美丽的画面（详见图 2-139）。芍药园内配置了成片的槭树科植物，几株雪松是很好的障景和背景。雪松前松散种植了红枫与羽毛枫，协调的树形与对比的色彩是该组植物景观的特点（详见图 2-17）。同时芍药圃的水岸边，配置了一株红枫一株紫藤，利用色彩的差异从背景鸡爪槭树丛中凸显出来（图 4-27）。红鱼池竹廊前，一株鸡爪槭、一株红枫、一株羽毛枫和杜鹃配置在一起，高度、色彩的有机结合营建出随性却有致的效果（图 4-28）。槭树片层状的结构既减少竹廊内外的干扰、形成两个独立的空间，又没有完全阻隔视线，让竹廊若隐若现，引人前往。红鱼池中心岛上，鸡爪槭潇洒的片层状树形，与黑松苍劲、向上的生长势形成对比，勾勒出独特却不夺目的景观，与远处红鱼池的热闹产生鲜明的对比（图 4-29）。

图 4-29 红鱼池中心岛上贴着水面栽植的鸡爪槭

槭树科植物姿态飘逸，单独成景和片植都具有极高的观赏价值。港道区紫藤花架的北端入口处，配置了一株鸡爪槭。植株倾斜入水，透过稀疏的枝叶，对岸的鸡爪槭林隐约可见，不仅让人领略了枝干的万种风情，还与廊架的梁柱一起构成奇特的画面（图4-30）。公园南入口的草坪西侧，有一组树丛，乔木下成丛种植了鸡爪槭，层叠的枝叶与乔木通直的树干形成对比，在水岸边形成一组景观单元。槭树科植物的叶色非常美丽，特别是在逆光下展现出诱人的艳丽，公园内常常配置成片的鸡爪槭或红枫在园路的两侧，让我们感受到阳光的奇妙。公园南入口，在园路南面的枫杨林下应用了几株鸡爪槭，深秋时节，透过阳光，槭树的叶子格外地透亮。牡丹园南面沿湖的长条状绿带里，应用成片的鸡爪槭林和桂花，在狭长的空间内形成障景，分隔牡丹园与湖区，不仅牡丹园独立成景，同时围合出槭树林下的休憩空间，从牡丹园南面园路观赏，还形成秀丽的林荫道（图4-31）。芍药园的鸡爪槭紧贴着园路栽植，形成封闭的林冠，枫叶红时漫步在林中甚为壮观。港道区配置了许多的鸡爪槭，在春季，各种嫩绿与嫩黄组成清雅的画面（图4-32）。

图4-30 对岸景致透过鸡爪槭稀疏的枝叶隐约可见

图4-31 鸡爪槭林荫带

图4-32 港道区嫩黄的鸡爪槭新叶在绿色中形成变化

2.3 底层观赏植物的配置

公园中底层观赏植物是草坪、路面、水岸与小乔木、大灌木之间过渡的植物，一般通过色彩、形态、花期的协调或变化与树丛主体观赏植物来配置。

2.3.1 灌木的配置

配置在乔木树丛边缘的底层灌木，一般根据乔木配置的目的与效果，选择合适的植物材料以及配置方式。雪松草坪南面的玉兰甬道主要起着分隔空间的作用，广玉兰林下主要配置了山茶和茶梅，在色彩与质感上与广玉兰协调，在功能上强化空间分隔的作用。藏山阁的背景树丛主要应用二乔玉兰、樱花等早春观花植物，展现春花烂漫的景象，林缘选择喷雪花、贴梗海棠等早春开花的灌木，增加树丛的花量、延长花期，配合营造花海的氛围（图4-33）。芍药圃观赏区茶室西面草坪，乐昌含笑背景林下配置了红花檵木，与南面的红枫、槭树林产生色彩上的呼应，同时丰富了该树丛的色彩变化（图4-34）。

图 4-33 藏山阁草坪丰富的底层植物

图 4-34 红花檵木与红枫的色彩相呼应

灌木饱满的树形与合适的高度是小乔木与草坪地被完美的过渡层，许多以小乔木为主要观赏对象的树丛，均通过各种方式配置合适的灌木，丰富立面、分隔空间、延长花期。成片观赏的小乔木林下往往考虑花期配置高矮合适的灌木，如牡丹园东面的垂丝海棠林下配置了日本海棠和杜鹃，两种观花灌木延长了树丛的观赏期，常绿的杜鹃避免了冬季景观过于萧条，而日本海棠与杜鹃的高度恰好将海棠分枝点以下单薄的主干遮掩，提高了树丛的饱满度，完善了树丛分隔空间的作用，还与上层乔木结合形成丰富却不复杂的立面，既不抢夺牡丹园的视线，还独自成景（图 4-35）。小乔木前往往也是配置灌木的最佳位置，牡丹园内不乏在小乔木前配置杜鹃、牡丹等灌木的成功案例。鸡爪槭或者红枫前，杜鹃、牡丹、铺地柏等都是常用的配置灌木，它们与小乔木一起形成树丛的立面更为精致（图 4-36、图 4-37）。

图 4-35　垂丝海棠下的日本海棠与沿阶草

图 4-36　红枫前的牡丹

图 4-37　杜鹃前景

图 4-38 自然林下的牡丹

图 4-39 垂丝海棠林下的牡丹

林下与林缘松散配置多种高度的灌木，营造出的是幽野而自然的树丛。牡丹亭东侧绿地中，垂柳、红叶李、垂丝海棠等多种小乔木组成的林缘，自然配置了云南黄馨、火棘、杜鹃、牡丹、紫藤等多种底层植物，形成平面与立面均自然咬合的树林，整体效果饱满（图4-38、图4-39）。

　　利用灌木高度、树形、色彩的不同，将不同的灌木组合在一起，同样可以配置出精彩的植物景观。牡丹亭南面草坪的东北角，一组修剪成形的龙柏、构骨、铺地柏、杜鹃等灌木组成的树丛，应用牡丹园的植物配置手法，将高度、体量不同的灌木组合在小块岩石周边，形成牡丹亭山脚的延续，将草坪与牡丹园主景连为整体，形成疏密有致的完美空间（图 4-40）。

图 4-40 常绿灌木配置的树丛

图 4-41 岸边的云南黄馨与紫藤

图 4-42 野蔷薇是垂柳与水岸的过渡植物

丛生状的灌木树形松散，适合配置在岩石或园路、水岸边。南天竹、云南黄馨、棣棠、迎春、月季、锦带花、喷雪花等都是公园常用的种类。棣棠与蔷薇沿路栽植，悬垂的枝条扑出园路，将植物与园路有机结合，展现了人与自然的亲和关系。水岸边，用蔷薇、云南黄馨等植物遮掩水岸线，也是常用的处理手法，若隐若现的水岸让石砌驳岸显得灵动而不呆板（图4-41、图4-42）。

臭牡丹、八仙花、洒金珊瑚、栀子、海桐等是耐阴灌木，在公园的港道区应用较多。臭牡丹是乡土植物，性强健，较耐阴，喜湿润土壤，顶生的粉红至紫红色的聚伞形花序可达二十厘米以上，六月开花时节甚是漂亮，是难得的耐阴观花灌木，在港道区林下、水岸边大量片植应用，既有野趣又产生季相变化，开花时异常吸引人（图4-43）。

图 4-43 港道区的臭牡丹

2.3.2 草本植物的配置

沿阶草、常春藤等耐阴的宿根草本植物，色彩浓绿，覆盖力强，常用在林下，或遮盖裸露的地面、或与岩石紧密结合，是公园内应用较多的耐阴草本植物。沿阶草叶色终年常绿，长势强健、覆盖力强，特别适合应用在地形变化丰富、岩石应用多的牡丹园观赏区。成丛的沿阶草与岩石、地面、草地紧密结合，是其他物种无法替代的草本植物（图 4-44、图 4-45）。

图 4-44 沿阶草是缓坡上极佳的地被材料

图 4-45 牡丹园中的沿阶草与山石紧密结合

图 4-46　港道区的嚏根草

图 4-47　嚏根草近景

嚏根草等植物是近年引用的早春开花的耐阴地被，在港道区应用在疏林下。三月，当其他植物还未开花时，成片的粉绿色花朵低垂着开放，特别符合港道区宁静的氛围（图 4-46、图 4-47）。

公园的草本花境应用不多，主要配置在藏山阁草坪和芍药圃草坪两处。藏山阁草坪主要应用片植的花境增加春季色彩，营造繁花似锦的场面。芍药圃的花境主要应用在无患子树丛与乐昌含笑树丛周边，主要作用是提亮草坪的色彩，增加局部树丛的变化（图 4-48）。

图 4-48　藏山阁花境色彩亮丽

2.4 藤本植物的配置

花港观鱼公园以植物造景为主，建筑数量不多，藤本植物应用的也较少，紫藤、凌霄、爬山虎、葡萄、乌敛莓等是主要应用的藤本植物。

公园中应用最多的藤本植物还是紫藤。紫藤是长寿树种，成年的植株枝干蜿蜒缠绕，开花繁多，串串紫色的花序悬挂于绿叶之间，在风中摇曳，极其柔美浪漫，受大众的喜爱。公园中不仅将紫藤应用在廊架中，展现紫藤的枝干之美，还将紫藤配置在水边、岩石边、园路边，将紫藤作为中低层的观赏植物和其他植物搭配，形成多样的植物景观。牡丹园中，紫藤常与红枫、杜鹃、书带草等植物搭配在一起，在春季利用植物色彩的变化展现春季的生机盎然（图4-49）。

图 4-49　牡丹园中紫藤与红枫、牡丹的配置

图 4-50 盛开的白花紫藤吸引了孔雀开屏

图 4-51 水岸边的紫色更为醒目

牡丹园中最有特色的是一处栽植了紫藤、白花紫藤、红枫、羽毛枫等植物的配置，在香樟下的一片小空间中，松散的配置了上述几株植物，这些植物在南面的园路中与路边的杜鹃配置成主景与对景，而这几株植物的内部，悠然形成安静的休憩空间，常常引得孔雀也与游客一样驻足欣赏（图 4-50）。水岸边，紫藤常常在岩石边与其他植物搭配，形成与环境协调的独有的植物景观。岸边植物较少时，紫藤往往倾斜入水，周边配置云南黄馨等树形饱满、叶色翠绿的植物，在春季衬托得紫色更为醒目，同时形成画面虚实的变化（图 4-51）。当岸边植物较多时，紫藤根据水岸线以及周边植物的情况进行配置，垂悬的紫藤起到遮掩硬实的水岸线的作用，而紫藤与背景植物需要通过高度与色彩的变化进行配置。紫藤与山石结合在一起，植株的柔美与山石的坚硬形成鲜明的对比，极易体现出紫藤自身的观赏特性。红鱼池曲桥的南端设置了一个小岛，岛上的湖石与紫藤既为对景，也是主景。此处的紫藤与湖石紧密缠绕在一起，开花时节，湖石外布满蓝色的紫藤花，在远处黄色的竹廊映衬下更为醒目。湖石周边简单地配置了五针松、梅花与南天竹，五针松与梅花皆铺水而植，满足不同角度对小岛的观赏要求（图 4-52）。

图 4-52 紫藤与湖石紧密缠绕

3 植物与园路的关系

园林就像是一首诗、一台戏，通过行走中景观的变化、空间的开合，控制节奏，追求步移景异的效果，营造抑扬顿挫的诗般风景，表达设计者的思绪。花港观鱼是以植物为主要造景元素的公园，因此园区内的园路以简洁为主要风格，配合植物与空间的变化而设计，烘托不同的空间感受，同时利用植物与空间的变化，引导游人的游览（图 4-53）。

图 4-53 园区内简洁的园路

图 4-54 芍药圃内条石铺设的一级园路

图 4-55 芍药圃内冰裂纹铺设的二级园路

3.1 园路的形式

公园中沿路的植物景观丰富，有绿荫遮蔽的乔木林，有幽香环绕的花海，有隐逸的密林，有舒缓的草坡，有精致的山石，也有朴实的野花……因此，公园并未把园路作为主要观赏的对象，而是应用简洁并与环境相适应的园路材质与形式，为植物景观服务。

公园内的道路主要分三级，铺设园路的材料以石板、卵石、木板等自然材质为主，形式根据园路的宽度以及与周边环境的关系而定。大部分的一级与二级园路采用石板中间错缝横铺，两侧竖铺收边的形式。一级园路贯通东、西、南三个入口，穿越蒋庄、雪松草坪观赏区、红鱼池观赏区、牡丹园观赏区、密林观赏区、芍药圃观赏区、南入口观赏区等多个观赏区，宽约三米八，由石板铺就，自然的石质纹理、简洁的铺装形式，衬托出植物景观的丰富与多彩，给游人宁静舒适的感觉（图4-54）。二级园路宽约两米五，主要有石板错缝横铺或者冰裂纹铺设两种形式。芍药圃、红鱼池观赏区、牡丹园观赏区的二级园路基本应用冰裂纹形式（图 4-55）。

图 4-56 丛林区内条石铺设的二级园路　图 4-57 丛林区内冰裂纹铺设的二级园路

丛林区的二级园路在樱花林和悬铃木、合欢草坪区块应用条石横铺的形式，其他区块应用冰裂纹铺设（图 4-56、图 4-57）。港道观赏区、大草坪观赏区以石板横铺形式为主（图 4-58）。

图 4-58 大草坪观赏区内条石铺设的二级园路

图 4-59 南港道区的木栈道

图 4-60 牡丹园内的卵石铺地

图 4-61 丛林区内的条石汀步

图 4-62 红鱼池观赏区内的砾石铺地

三级园路形式灵活，依据周边植物景观以及建筑的特点而设，路宽一米八至两米二不等，有木栈道、卵石全铺、条石汀步、砾石散铺等多种形式。港岛区以木栈道的形式在树林中穿梭，可观曲港环绕、活水溪流的乡野风情。牡丹园采用卵石铺设的方式连接各处，让游人在质朴的路面上观赏群芳竞艳的牡丹。丛林区应用石板汀步的形式，将幽野的花草与园路紧密结合，体现自然的场景。尤其是在树木繁茂的丛林中散步，给人一种心旷神怡的感受。牡丹园东面一片黑松、鸡爪槭、垂丝海棠下，用砾石铺设路面，甚为轻松自在（图4-59 至图 4-62）。

公园采用了木平台、大卵石铺设、青砖席铺、石板结合地雕等形式，应用在各个观赏区，供游人聚集、休憩、游览所用（图 4-63）。港岛观赏区内，一株大枫杨下，一百四十多平方米的木平台与木栈道相接，并配有木座椅，供游人休息所用。大草坪观赏区内，香樟树下、林徽因纪念碑旁，用石板打格、青砖席纹铺设了八百多平方米的铺地，为游人驻足欣赏、合影留念而设。丛林区内悬铃木下，用大卵石铺地与草坪衔接，卵石内还随意点放了自然形态的石桌石凳，游人可以在林下庇荫休憩，也可坐等孩童在草坪中游戏。

图 4-63　大香樟下的地雕

3.2 园路的植物配置

公园中园路的形式简洁、自然，而园路两旁的植物却进行了精心设计，提炼各个观赏区内植物配置的风格与特点，将不同种类与形式的植物景观设置在园路两旁，减少景观的雷同现象，使得游人在步移景异的公园中，沉浸在优美的景色中，忘却了时间与疲倦。

3.2.1 路边的植物配置

在树林中行走，感觉很安全，可以放下心中的压力与烦恼，自由享受自然的清新。因此公园中设计了许多林中路，平复游人的思绪。从公园西入口进入，两边均为高大的乔木，密实的树林使得四米宽的园路显得狭小而精致。走过将近两百米的主园路后，雪松大草坪豁然开朗，是典型的先抑后扬的空间处理手法，树丛主要作为组合空间的材料，弱化了其本身的观赏价值（图 4-64）。公园的东入口，园路同样在树林中，但是笔直的园路和对称种植的玉兰、杜鹃与草花，增强了入口的仪式感，形成截然不同的空间。藏山阁北面园路两边，在稀疏的落叶乔木下穿插配置了几株樱花，这时樱花林不仅成为空间的延续，其本身还是观赏主体，游人从花下穿行，感知花开花落，这种形式也是鸡爪槭、海棠等观赏小乔木的常用配置方法（图 4-65）。

图 4-64 广玉兰埂道北侧的大草坪

图 4-65 樱花林下的游人感知花开花落

丛林区的樱花林围绕着"U"字形的园路配置，在环抱的绿地内重点配置樱花。从丛林区园路看去，透过枝丫的樱花更加灿烂；从悬铃木边的园路看去，樱花林的背景是密林、前景是草坪，呈现出樱花林的整体美，而走在林中享受的是与樱花的亲密接触。此处的樱花林通过园路的走向展现出不同空间下樱花的美（图4-66至图4-68）。

图 4-66 成片樱花林的整体美

图 4-67 透过枝丫的樱花更灿烂

图 4-68 常绿树边的樱花更安静

　　丛林区是最为安静的区域，园路两旁通常点植紫叶桃、日本樱花等不同种类的小乔木，随意配置形态自然的多年生草本植物，形成清新、自然、安静的绿色空间（图4-69）。

图4-69　路边盛开的金鸡菊和散植的紫叶桃更具野趣

　　树林带给人们情绪上的平稳，但是长期在密林中行走，也会给游人带来压抑的感觉，因此园路两边也常常应用一边密一边疏的空间来舒缓心情，引导游览路线。一疏一密的空间常用在草坪或水体周边的园路，通常园路的一侧具有较高的观赏性，在另一侧应用密实的树林将视线引至开阔一方。藏山阁和雪松草坪的南面均为密植的广玉兰树丛，园路沿着树丛而铺，游览时视线自然投向开阔的草坪空间，游览路线也会不自觉地引导至草坪区域。公园南入口草坪有"L"形园路环绕东、北两面而铺，东侧园路东面的香樟与木绣球遮挡了小南湖的景致，园路西面则是蜿蜒开阔的草坪和配置得当的树丛。行走至此，草坪空间自然将游人的脚步引往西面（图4-70）。

图4-70　南入口一疏一密的植物空间

　　密林区悬铃木、合欢草坪南侧的园路沿着樱花林而铺，另一侧的草坪空间较为开敞，但是七株悬铃木和六株合欢树形高大，园路两边的空间基本平衡，此时园路具有引导游人停留在此空间的作用。红鱼池竹廊的东面有一条平行竹廊的园路，园路一边是槭树科植物和杜鹃组成的密植树丛，一边是香樟林围合出来的小空间，两边同样利用了植物的体量和空间进行平衡，因此游人极易在此处小憩，或行至廊内欣赏、或留在草坪中休憩（图 4-71）。水是游人特别喜欢的园林元素，水边的园路往往以观赏水景为主。红鱼池观赏区的重心在中心岛，中心岛的植物景观是沿水岸园路的观赏焦点，因此外围水岸的园路大多采用沿水一侧开放、另一侧密闭的植物栽植形式，突出中心岛的风景，引导游人至岛内欣赏。邀山长廊的东侧出口，配置成片西府海棠，沿着园路往前，海棠逐渐减少，稀疏点缀在路边，成片的海棠是长廊出口的对景和障景，过了片植的海棠豁然开朗的草坪空间呈现在眼前。海棠花开，娇嫩的花朵自然将游人的视线从西湖的景致引向公园内。这一处的园路设计也是巧妙地利用植物配置引导游人的视线与游览路线。

图 4-71　竹廊外密实的植物和开阔的草坪空间

　　两边开阔的园路一般用在周边有中远景可赏的空间内，但杭州的夏季时间长、温度高，因此公园内园路两边都开阔的植物配置比较少。公园北面临西里湖有一条园路，一边是开阔的雪松草坪，一边是透过柳枝的湖面，垂柳既可以遮荫还不会遮挡美丽的湖景。此处园路两面皆有景可赏，走在通直的园路中不会感觉单调，会不由自主放慢脚步，享受这空间的宁静（图4-72）。

图4-72　通直的园路上有两侧的景致可赏

芍药圃观赏区乐昌含笑草坪北面的园路，一边是密林港道、一边是草坪，园路采用了两端收中间放的手法，由西而东，应用密植的树林、开阔的草坪以及精致的对景树丛，逐渐从密林区过渡至草坪区，而游人的思绪也从自由的遐想中回归至理性的思考（图4-73）。

图4-73　三处树丛紧紧咬合着"丁"字形园路

红鱼池中心岛上有一处对着竹廊的园路，园路的西面是四百平方米左右的小面积草坪，园路的东面即是开阔的水面和水岸对面的香樟林和竹廊。此处开敞的园路引导游人在有景可赏的小空间内休憩，平缓观赏红鱼池时过于兴奋的情绪，控制游览的节奏（图4-74）。

图4-74　开放的园路可赏可憩

图4-75 东入口对景

图4-76 红鱼池四折平桥的对景

3.2.2 路口的植物配置

园路往往是功能分区的边界，而路口则是进入观赏区的首景，因此路口的设计往往选用观赏区内主要的植物种类和基本的配置方式，作为对景提前展示给游人。根据观赏区的植物景观特点，"丁"字形路口的对景设计可以是孤植树，也可以是一片树林，还可以是错落有致的树丛。从牡丹园东侧园路往北行至红鱼池边，一株香樟是园路的对景，香樟分枝点高，透过枝干，碧绿的草坪与优美的红鱼池也成为对景的一部分。从红鱼池中心岛往东南行至竹廊观赏区，设计了密实的香樟、玉兰树丛作为路口对景，香樟是该区域应用最多的植物，玉兰丰富了季相变化、增强中下层视线的遮挡效果，密实的树丛完成了空间分隔。精心搭配的树丛对景是公园应用较多的配置方法，公园东入口后，即是一处雪松、鸡爪槭对景，雪松是公园北面草坪观赏区的基调植物，雪松前鸡爪槭、红枫、羽毛枫、南天竹、杜鹃等植物与湖石精心配置，与该观赏区较为精致的组景方式协调（图4-75）。红鱼池四折平桥的南路口是水面，水体内用湖石堆叠了几十平方米的小岛，岛上围绕这主景湖石配置了紫藤、五针松、梅花、南天竹等植物成为路口的对景，同时利用假山前景与远处的九耀山背景相呼应（图4-76）。

图 4-77　狭长的鸡爪槭林后豁然开朗的草坪

　　从密林处走向草坪空间，给人以"山穷水尽疑无路，柳暗花明又一村"的感觉。许多草坪空间，会应用这样的配置手法。芍药圃鸡爪槭林内有一园路通向乐昌含笑草坪，走完狭长郁闭的鸡爪槭林，草坪空间豁然开朗（图 4-77）。牡丹园南面绿地中，密植了鸡爪槭和桂花，走完密实的树林后，呈现出牡丹亭园开阔的草坪与牡丹亭独特的精美画面，是先抑后扬的精彩之笔（图 4-78）。

图 4-78　路口是开阔的草坪与牡丹亭精美的画面

　　公园中除了"丁"字形的路口，还会遇到十字交叉的路口，这样的路口方向多、人流密集，更加需要利用灵活的植物配置，弱化路口的形式。当园路的交汇处比较复杂时，忽视园路的形式将园路周边的植物群落作为整体进行设计，是很好的解决路口景观的问题。红鱼池中心岛南端有一个由三条一米五宽的园路和一条一米宽的园路汇集成的路口，处在十五米宽的绿地内略显局促（图 4-79）。

图 4-79 一侧游步道边的日本樱花和垂丝海棠

图 4-80 另一侧园路的日本樱花林

图 4-81 对岸观赏园路隐在日本樱花林中

　　绿地被园路分隔成四块，四
株樱花分散在三块绿地内成片种
植形成路口的对景，樱花的背面
是分别是草坪和一株高大的广玉
兰，樱花的前景分别是丛植的海
棠和含笑，整个路口的植物景观
围绕着樱花林而配置，四株樱花
成为主景并弱化了纷杂的园路。
在园路的交汇处，突出其中一组
植物也有弱化路口形式的作用（图
4-79 至图 4-82）。

图 4-82 石桥边垂丝海棠和日本樱花是主景

图 4-83 高大的悬铃木树丛是路口的主景，有着指示作用

图 4-84 港道区北端，樱花林引导游人的游览方向

从东面步入悬铃木合欢草坪，有一个园路的汇集口，一条通往牡丹园、一条通往樱花林、一条通往港道内的岛屿。路口的西北面在两条园路围合的绿地内栽植了七株悬铃木形成对景，其他绿地内均种植了密实的树林。此处路口利用密林弱化侧面两条园路，利用植物体量、色彩、栽植密度的对比，强调高大的悬铃木树丛与舒缓的草坡，路口观赏主体突出、方向性明确（图 4-83）。而该草坪西面的樱花林旁，同样是具有一定引导性的十字路口。从港道区内往东走向该路口时，东南面片植的樱花成为整片绿地关注的焦点，引导游人往东面观赏，而不是往北面前往西门结束游览（图 4-84）。红鱼池曲桥的北面有一处十字路口，路口的四面都种植了茂密的乔木，此处路口的引导功能较弱，密林对于路口的四个方向而言都起到先抑后扬的作用。

4 植物与地形的关系

4.1 总体地形及其植物特点

　　花港观鱼被山水环抱，地形由西至东逐渐平坦，植物景观随着地形的变化由奥至旷，逐渐开阔。丛林区位于公园的西面，是公园与自然山林的过渡，也是与杨公堤的直接相邻的区域，选用乡土植物和特色植物组建疏密结合的空间，既起到过渡与遮挡的作用，还形成变化的景致与休憩的场所。丛林区的特色观赏植物主要有日本樱花、悬铃木、广玉兰、合欢等，空间形式以密林和小空间为主（图4-85）。

图 4-85 丛林区的日本樱花

公园中部是延续的山坡与舒缓的草坪组成的牡丹园，主体景观建在缓坡上，是公园植物配置最为精致的区域。开阔的草坪解决了坡地至水岸的高差，西高东低、中间开敞的植物配置为牡丹园巧妙地增加了前景与框景，丰富了整个园区植物景观的层次。红枫、羽毛枫、黑松、杜鹃、紫藤等是牡丹园的主要观赏植物，香樟、玉兰、沙朴等植物构成了该园区的乔木骨架，铺地柏、南天竹、书带草等是主要配置的底层植物。该园区的植物配置特别注重层次、色彩的变化，利用植物的形及地势勾勒出一幅幅立体的图画（图 4-86）。

公园南北两侧都临水，植物景观以大空间的草坪为主。北面临湖区域主要包括雪松草坪、藏山阁草坪和紫薇草坪三部分，三者以雪松为协调园区景观的植物材料，以草坪为统一的植物景观类型，以草坪的体量、特色植物、观赏主体的不同，体现各自的特色。

图 4-86 牡丹园的坡地与草坪

图 4-87 屏障前婀娜的垂柳

图 4-88 水杉、鸡爪槭、香樟等乡土植物形成绿色的屏障

图 4-89 芍药圃草坪

图 4-90 南港道草坪

　　公园南面以平坦的草坪为主，呈现西面密实东面舒缓的格局。西面延续港道区的植物配置方法，应用水杉、鸡爪槭、香樟等乡土植物形成绿色的屏障（图 4-87、图 4-88）。至东面逐渐舒缓，形成乐昌含笑、红花檵木草坪与枫香、枫杨、鸡爪槭草坪（图 4-89、图 4-90）。

4.2 水体及岸边植物的配置

公园有池、港两种水体形式。池为红鱼池，建在北面草坪区与牡丹园区域之间，有一大一小两个岛，用桥与水岸相接，营造岛中有水、水中有岛的格局，形成大小不一的三个小水面。港为密林港道，引西山之水入园，流经密林区，向南在芍药园的南、北面以及南山路北面的三处港道流入小南湖；向北绕着公园西面流入西里湖。红鱼池与港道在牡丹园的东南角与西湖水汇合，形成流通的水系（图4-91至图4-94）。

图4-91 红鱼池北侧水岸景观

图4-92 港道水景

图4-93 西港道水景

图4-94 芍药圃与西港道水岸景观

岸边植物的选择与配置，与该观赏区的植物特点一致，与水体的形式相适应，红鱼池边的植物以垂柳、海棠、樱花等观赏植物为主，岸边或点缀、或成片、或成丛种植观花小乔木，营造花繁、鱼闲、人乐之水景（图 4-95）。港道观赏区应用水杉、垂柳、鸡爪槭等乡土植物，岸边以或疏或密的乔木林为主，少量点缀桃花等观花植物，营造幽静的港道景观（图 4-96）。

图 4-95　红鱼池水岸边的垂丝海棠

图 4-96　西港道水岸边应用垂柳、水杉、鸡爪槭等乡土植物

图 4-97 红鱼池观赏区北岸景观

以观景为主的水岸植物配置往往考虑看与被看的关系，或园路沿岸而设，岸边配置较少植物，留出合适的视角观赏对岸景观；或作为观赏中心，精心配置植物，园路穿树丛而过。红鱼池的北岸、西岸稀疏配置垂柳、海棠等植物，突出中心岛的丰富植物景观，是赏景为主的水岸植物配置（图 4-97）。滨湖长廊为了将游客的视线引向公园外的苏堤与雷峰塔，西北面简洁地配置了香樟林与鸡爪槭、日本樱花等观赏小乔木，是典型的借景手法（图 4-98）。中心岛西侧水岸，利用突出的水岸线精心配置了黑松、鸡爪槭树丛，营建观赏点，是以被赏为主的岸边树丛（图 4-99）。中心岛东侧水岸，片植的樱花林与沙朴、垂柳、广玉兰形成观赏面，是赏景与被赏俱佳的水岸配置。

图 4-98 滨湖长廊西侧水岸的植物配置

图 4-99 红鱼池中心岛西侧水岸的植物

　　港道观赏区是公园内比较安静、幽野的场所，港道边以大乔木林为主要的树林形式，植物配置着重整体树丛的效果，利用乔木体量、树形、叶色、枝干形态的特征构建树丛，形成树丛的天际线、色彩、外形与质感的变化，以及季相变化。芍药圃北面港道，沿着水岸栽植了乐昌含笑与南川柳、垂柳等乔木。冬季，卵圆形树冠的乐昌含笑色彩浓绿，与南川柳与垂柳略显金黄的枝干形成鲜明对比，港道景观简洁明快（图 4-100）。

图 4-100　芍药圃简洁明快的北水港

图 4-101 芍药圃清新的南水港

图 4-102 西港道宁静秀美的水岸景观

芍药圃南面水港，应用垂柳、南川柳成为岸边植物的骨干，穿插种植红叶李、鸡爪槭等观赏小乔木，在护岸岩石边点缀紫藤、云南黄馨、野蔷薇等植物，形成具有野趣却非常秀丽的水岸（图 4-101）。西港道紧邻芍药圃观赏区，东水岸的植物配置延续了芍药圃的特色，应用鸡爪槭、垂柳、云南黄馨等植物营建秀丽的岸边景观。西港道的西水岸面临杨公堤，与南屏山遥遥相望，以水杉、枫杨、无患子等大乔木为背景，适当留出草坪空间，沿着水岸栽植鸡爪槭、紫薇、梅等观赏小乔木，结合黄花鸢尾、玛格丽特鸢尾等水生植物，创造的是更为宁静、秀丽的水面空间（图 4-102）。南港道与南山路相邻，绿岛内混植高大的乔木，营造在林中穿梭的景观。大乔木沿着水岸栽植，林下配置臭牡丹、凤尾竹、八仙花、洒金珊瑚等耐阴植物，局部点缀鸡爪槭，营建野趣十足的小水港景致（图 4-103）。

图 4-103 南港道野趣十足的水岸景观

4.3 草坪及草坪植物的配置

　　草坪空间是公园的功能空间，是游人休憩与活动的主要场所。草坪的规模与周边植物景观的特点，控制着游览的节奏。当草坪周边有景可赏时，是观赏型的空间；当草坪周围由植物围绕时，成为安静的休憩空间。游览中景观的观赏价值、空间的开合，以及游人的游、赏、憩，组成了游览的节奏。

　　花港观鱼的草坪形式各异，空间多样，植物景观与功能也各不相同。公园有大小不等的草坪十余处，主要处于公园临水的位置。北面临湖有三处主要的草坪，分别是雪松草坪、紫薇草坪和藏山阁草坪，面积分别为一万五千平方米、三千平方米和七千多平方米。其中雪松草坪东西两边是高大的雪松，中间是香樟、无患子树丛，突出整体的气势，适合南北两条园路上欣赏。藏山阁草坪主要观赏树丛是草坪中央的二乔玉兰、广玉兰树丛，突出表现春花烂漫的景象，适合在草坪南面的园路游览。紫薇草坪面积小、最为温馨，以观看西湖景致为主，适合坐在树丛边缘休憩（图4-104、图4-105）。

图4-104 藏山阁草坪秋景

图4-105 雪松草坪春景

图4-106 红鱼池北岸以观景为主,草坪空间比较狭小

图4-107 竹廊东侧大树围绕的草坪空间十分安静

图4-108 红鱼池东侧的悬铃木草坪

中心红鱼池景区的草坪环绕着岸边设置,一般位于对岸风景较好的位置,面积也比较小。主要有红鱼池北岸、曲桥两侧的两块长条形草坪,中心岛草坪,竹廊东侧草坪,悬铃木草坪,孔雀草坪等几处,草坪空间以几百平方米为主,每个草坪的形态、植物材料与特征各有差异,但是均有较强的观赏价值。红鱼池北岸的狭长草坪由广玉兰与山茶围绕而成,沿岸稀疏配置垂柳、桃花等小乔木,北面密实、南面稀疏,主要是以观赏南面中心岛植物景观为主(图4-106)。竹廊东面草坪呈方形,西面由竹廊边的鸡爪槭、杜鹃,其他三面由香樟、桂花围合而成,是四面密实的空间,没有特别的观赏对象,是游览红鱼池景观后的安静休息区域(图4-107)。中心岛草坪是由广玉兰、樱花、桂花等植物围合而成的,南、北面密实,东面开阔,西面稀疏的空间。樱花是该草坪的主要观赏植物,红鱼池东岸的竹廊是主要观赏对象,是赏与被赏俱佳的一处配置。红鱼池东面的三角状悬铃木草坪是蒋庄、藏山阁草坪和红鱼池观赏区的过渡空间。西北角为四株悬铃木,位于密实的广玉兰林与开阔的草坪空间之间,起到很好的过渡作用。南面是西府海棠林,将邀山长廊内向外的视线收回至园区内。东北角是红枫、羽毛枫树丛,与悬铃木一起遮挡着藏山阁草坪的景观,形成空间分隔与变化,避免视线内的景致一览无余(图4-108)。

　　牡丹园与牡丹园以西的密林区处于公园的中心地带，是地形比较丰富的观赏区，这个观赏区内设置了风格截然不同的两块草坪。牡丹亭以南有一长形的草坪，地形为西北高，东南低。草坪西面配置了香樟、沙朴、珊瑚朴、鸡爪槭、桂花等植物组成的树丛，有效地将密林区的植物景观过渡至牡丹园观赏区；东面配置了构骨、杜鹃、铺地柏等中低层观赏植物，与牡丹亭的植物相呼应。东、西两侧的树丛构成了牡丹亭的前景，将牡丹亭景观定格在左高右低的画框中，草坪景观成为大尺度的框景（图4-109）。牡丹园西面的悬铃木、合欢草坪位于一块西高东低坡地，是牡丹园至密林区的过渡，也是游览牡丹园后的一个安静的休憩区，控制着游人的游览节奏（图4-110）。

图4-109　牡丹亭南面草坪是大尺度的框景

图4-110　丛林区的合欢草坪利用地势的变化组织空间

公园的南面有南入口草坪与芍药园草坪两块草坪，面积均为五千平方米左右，选择观树形以及观叶的植物为主要观赏植物。鸡爪槭、红枫为两块草坪选择的主要观赏小乔木。芍药园草坪以乐昌含笑为主要乔木，红枫、鸡爪槭为主要小乔木，杜鹃、红花檵木为主要灌木。草坪呈西高、南低的趋势，西面以乐昌含笑为主要的背景植物材料，周边配置红枫与鸡爪槭，主要表现春秋两季红枫与鸡爪槭的色彩（图4-111）。该草坪比较开敞，主要为中小学生提供集体活动的场所。在草坪上，视线可以观至草坪的每个角落，便于管理。南港道草坪以枫香、枫杨、无患子、浙江楠为主要乔木，鸡爪槭、红茴香、桂花等为主要小乔木。草坪以周围高中心低为主要空间格局，主要表现的是密实的高、中、低层植物配置成的树丛整体景观。该草坪的边缘线如水岸般曲折，适合小家庭的休憩。草坪满足了游人活动的要求，树丛则避免了人群的互相干扰（图4-112）。

图 4-111 开阔的芍药圃草坪是极佳的活动空间

图 4-112 南港道草坪曲折的林缘线适合家庭休息

4.4 树林形式与空间关系

　　园林是由建筑、园路、山水与植物组成的具有其独特魅力的四季变幻的空间，其中植物是形成空间风格、产生季相变化的重要因子。花港观鱼公园应用植物的不同配置形式组织空间，形成许多风格迥异、和谐而有特色的植物景观。

　　树林的配置一般利用植物体量、形态、色彩变化的不同，组织成疏密不一、色彩各异、形态丰富的空间，在游览过程中形成步移景异的风景。密实的树林主要的功能是空间分隔，观赏的是树林的外形；稀疏栽植的乔木林，可以在其中游览、形成空间的交流；大乔木与小乔木等多种植物配置应用时，易产生立面与空间的变化，是最为常用也最为灵活多变的树林形式（图4-113至图4-115）。

图4-113 雪松草坪观赏的是树林的整体轮廓

图4-114 西港道稀疏的树林形成空间的流动

图4-115 红鱼池中心岛多种植物配置产生丰富的立面

应用树形紧密的乔木配置的多层次密林，对空间的分隔作用最强，适合应用在绿地宽度不足的区块。红鱼池观赏区北面的广玉兰埂道，应用广玉兰常绿密实的树形，结合中层的桂花、山茶，以及底层的茶梅、金丝桃，在仅十米左右的绿带中配置成极为密实的树丛，避免了大草坪观赏区与红鱼池观赏区的干扰（图4-116）。

图 4-116 广玉兰埂道是分隔空间的典范

以大乔木为主的树林在游人的视线高度有一定的通透性，是具有一定空间流动性的树林，可以观赏周边的美景。走在藏山阁草坪北面的园路上，两边的大乔木遮掩着灼热的阳光，穿越树干，洁白的樱花、碧绿的草坪和鲜艳的草花吸引着游人的视线（图4-117）。利用透视原理，应用远近交错的多处乔木林分隔空间，同时让乔木林产生一定的空间流动，是较为灵活的植物空间处理方法，适合有一定的宽度的绿带应用。港道区与杨公堤相邻，水港与树林是空间隔离的主要手段，松散的乔木林交错配置在各个小岛上，不仅满足了空间分隔的要求，还避免植物配置过于密实，给游人造成的压抑感，形成植物景观的变化（图4-118）。红鱼池西面与牡丹园观赏区相邻部位，一处枫香、黑松、鸡爪槭、垂丝海棠、红叶李、牡丹等植物组成的树林，此处大乔木栽植得较为松散，主要观赏植物是中层的观花小乔木与底层牡丹。从红鱼池的东岸观赏，大乔木勾勒天际线，小乔木形成观赏主景。在其间游赏，空间具有一定的流动性，垂丝海棠、红叶李、鸡爪槭、牡丹均为观赏对象（图4-119、图4-120）。

图4-117　大乔木下藏山阁草坪北面园路可以完整观赏两边的风景

图4-118　港道区松散的植物营造灵动的空间

图4-119　鸡爪槭下的牡丹

图4-120　点植的大乔木形成空间的流动

图 4-121 西港道草坪区树丛与草坪完美结合

　　常绿、落叶乔木穿插种植，结合中层的观赏植物以及底层灌木，是立面层次最为丰富的树林配置形式，也是最易组织空间的树林形式。西港道草坪区，以枫香、枫杨为主的大乔木组成的树丛，高大乔木形成天际线的变化，浙江楠、披针叶茴香、桂花等常绿植物组织空间，鸡爪槭林、棣棠、洒金珊瑚等与草坪形成完美过渡（图4-121）。

第五篇
四季之情

　　花港观鱼是充满人情的公园。花草们在园艺师的打理下，似通了人性，在各处展示着自己的情怀。在四季里，给我们带来诗意的感受，也在诉说着不同的故事。情与景的交融不仅是传统园林，也是现代城市公园所能赋予的。

1 花之恋 盼柔情

花港观鱼的春是最靓丽的。立春过后、料峭之时，清新的玉兰、飘逸的樱花，在山坡中、在草坪上、在水边，幽然地开着；春风吹过，桃花、海棠，在公园各处诉说着春的韶华；暮春之时，杜鹃、紫藤、牡丹、芍药……争相开放在翠色的公园中，或满地落红、或迎风飘逸，将公园染得一片芳菲。春天的叶也是多彩的，垂柳的绿、槭树的红、香樟的黄……柳枝娇嫩的新芽染绿了湖，丝丝如素帘遮掩着山水；红枫鲜艳的叶似朝霞，片片似云彩环绕着山水；香樟多彩的黄温暖着林间的游人，层层叠叠渲染着山水。

藏山阁草坪的春是灿烂的，碧绿的草坪中，满树的紫红色二乔玉兰、粉色樱花引来莺蝶飞舞。牡丹亭的春是丰富的，樱花、玉兰、杜鹃、紫藤、红枫、羽毛枫、鸡爪槭，象一幅动漫，在画家的笔中不断变化着色彩与画面。芍药园槭树林的春是艳丽的，蓝天下透亮的叶子或嫩绿或鲜红，如花般绽放。密林港道的春是清新的，柳枝、水杉、鸡爪槭们露出似婴儿般娇嫩的芽，各种各样的绿色提醒着人们生命的周而复始。南入口草坪的春是秀美的，低垂的槭树枝条似抚摸蜿蜒的池水，诉说着西湖的故事。红鱼池的春是如画的，娇艳的海棠、婀娜的垂柳、苍劲的黑松、挺拔的广玉兰、飘逸的樱花，在湖水与红鱼中组成了各种美丽而精致的画面。

密林的樱花最浪漫，在浓浓的绿色中展现自己的柔美，在细细的微风中飘落自己的洒脱，在密密的雨丝中诉说自己的故事。牡丹亭的杜鹃最热烈，松树下守护着，

枫树边渲染着，岩石旁依偎着，绽放出艳丽的花朵。芍药园的槭树最多情，在紫藤旁倾入水中的是互相帮衬的友情，在芍药上方遮挡着过强阳光的是母爱般的呵护，在槭树林中相依相伴的是永恒的爱意。红鱼池的海棠最温馨，在桥头仰望樱花的孤傲，在岸边伴随着水中的红鱼，在路边轻拂游人的脸颊。藏山阁的玉兰最娇媚，在绿树群中绽放粉色、独揽娇宠，在草地上飘落粉色、引人怜惜，在远处独自垂帘、孤芳自赏。

　　春天是多变的，花港的春天是最柔情、最浪漫的。春天的雨是朦胧的，桃花在水边伏水而怜，引得故事无数；柳枝在路上随雨而动，引得思念无数；海棠在身边含着水滴，引得娇羞无数。春天的风是诗意的，桃花随风而落，残红尚有三千树，不及初开一朵鲜；柳枝轻拂脸颊，庭前时有东风入，杨柳千条尽向西；海棠半遮半掩，东风袅袅之景光，杏雾空蒙月转廊。春天的太阳是和煦的，桃花妩媚，低头梳妆待君归；垂柳清新，随风轻舞撩人心；海棠娇艳，百般红紫斗芳菲。

2 绿之静 展坚韧

　　"自是寻春去校迟，不须惆怅怨芳时。"也许你错过了花港的春，不过"狂风落尽深红色，绿叶成阴子满枝"，你还有花港的夏。

　　花港的夏是最宁静的。"连雨不知春去，一晴方觉夏深。"当繁花落尽之时，花港的夏还有青草池塘、绿树浓荫，有红花成簇的合欢、有烂熳十旬的紫薇、有满架的蔷薇、有飘香的荷花。此时的花港虽不见了少女般的娇羞，却增添了一片安宁与平静，虽少了些妩媚，却多了丝热情。蝉声、风声、雨声、水声、树影、花影、荷香，无不是花港夏天的景致。

　　花港的水池少有荷花，夏季时依然清新。红鱼池的沿岸主要栽植垂柳、樱花、海棠、鸡爪槭等落叶植物，其淡雅的叶色与广玉兰的深绿形成色相上的差异，绿色为基调的景致素雅而宁静。湛蓝的天空、碧绿的树丛、悠闲的红鱼，是碧波下午后的宁静。

花港的山林特别地静宜，浓密的树林下，青青草地上树影斑驳，格外清凉。缓坡林下，伞形的合欢树上缀着朵朵粉色的柔弱的小花，散落着人们心中的暑意。山石上，攀爬着翠绿的凌霄，一簇簇橘红色的花朵热烈绽放，让人忘却了心中的烦恼与忧愁。

花港的港道曲曲折折，婆娑的树枝遮盖着水池、亭子和游人。垂柳轻拂着发梢，带来阵阵凉意；树影遮掩着水面，缓和了炎热的阳光；池边亭亭的荷花，在茂密的树林边，带来清凉的心境；粉色的蔷薇垂向水岸，朵朵盛开倒影池中，带来一片的清香。

花港的草地开阔、平整而色彩浓郁，热情而不失安宁。艳丽的紫薇成丛开放，在草地中展示着自己的热烈情怀。夏季特有的蓝天白云，青青小草，以及树木留下的影子，都展现着茂盛的生命力，浓绿的颜色带给游人平静的感受。

夏天杭州的气候是激烈的，而夏季的花港是坚韧的。清晨，晶莹的露珠在娇嫩的草地上滋养着顽强的生命，在柔弱的花瓣上映出骄阳的光华，在平静的树叶中翻滚着、跳跃着，描绘着林中的快乐。午后，黑云翻墨，狂风骤雨中大树挺立守护着花草，柳枝随风舞动用自己的柔美展现坚强；雨过天晴，树叶依然碧绿、花朵绽放如初、草地更显清新，一切归复平静，不留下任何痕迹。夜晚，皎洁的月色下，湖面带来习习凉风，密实树林保护着的草地少了些灼热，花草们在夜色下增添了许多柔美，经历一天风雨的花港依旧表现着坚韧下的平静与安宁。

花港的夏天是藏在热烈之下的苍翠与浓郁，是经历风雨后的平静。当暑气逐渐消退之时，迎来了花港的秋，秋雨、秋月、秋思、秋叶……绚丽成熟的秋，带给你的是另一种风景。

3 枫之韵 忆相思

"雨侵坏瓮新苔绿，秋入横林数叶红。"花港的秋是最具韵味的。秋是诗意的季节，她没有春的妩媚，没有夏的热情，也没有冬的含蓄。风清云淡的日子里，带着落叶的声音，秋天的花港带来的是感受、是遐想、是思考，风景的表达不再那么直白，而是融在风中、留在情里。

灿烂的枫叶、飘香的桂花、成熟的柿子、婀娜的柳枝、飘落的枯叶，带给花港的是成熟的韵、绚丽的景、相思的情。港湾处，红叶与波光交织，娇艳而不失柔美。树林下，绯红的枫叶和着碧绿的枫叶醉人心扉。湖水旁，娇嫩的酢浆草、纤弱的枫树，柔美的外形却演绎着灿烂的风景。卵石地上，悬铃木斑驳的树影下是纷纷的落叶，牵起游人的相思。

花港遍植桂花，中秋时节，金粟遍开，十里飘香，引人直盼月圆之日。而你在园中游览时，却未必能关注到众多的桂花，原来桂花在众多的风景中从来都不作为主角，普通的身形或躲在大树下、或立于转

角处、或点缀于水岸边，只留下香径寄托情思。

秋天，花港的树是五彩的，枫叶的红、无患子的黄、枫香的橙……芍药圃，无患子和鸡爪槭描绘着金黄与绯红的灿烂。竹廊前，鲜红的鸡爪槭叶子在香樟林下，透着五彩的光，是最热烈的相思。港道区，亮黄色的无患子和棕褐色的水杉、悬铃木配置在一起，画面和谐。红鱼池边，垂柳细细的金丝垂入水中，安静祥和，如似水的思念。牡丹亭旁，鸡爪槭、红枫和羽毛枫曲折的枝干和橙红的叶色，染得山石一片绚烂，似最深的情怀。

秋天的杭州是爽朗的，秋天的花港是多情的。微风吹过之时，纤细而带着幽香的桂花飘落在碧绿的龙井茶中，带着丝丝的甜意。中秋佳节之夜，明月之下，树林、清泉、露水、桂花，无不寄托着沉沉的哀思。蓝天碧云之下，茂密的树林、灿烂的枫叶、碧绿的草坪、平静的湖水，是最绚丽的浪漫，也是最热烈的相思。绵绵细雨之中，滴滴答答的雨声落在山间、落在溪流里、落在屋檐上，也落在游人的心里，有着"人人解说悲秋事，不似诗人彻底知"的韵味。

花港的秋天有着丰收的灿烂，也有着相思的愁苦，是同样的风景有着最为不同感受的季节，苦与乐不在风景本身，而在游人的内心。

4 雪之逸 寻平和

　　杭州的冬天是极其寒冷的，当万物归寂之时，花港的冬天展现出的是安逸、平和。

　　冬天的花港少了盛开的鲜花、没有绚丽的秋叶，就连湖水也是格外的寂静，那是一个素雅而恬静的世界。此时的花港象是世外桃源，没了喧闹与嘈杂，静静的风景中感受到的是最本质的淳朴，一切归于原本的面貌。落叶树露出枝干，彰显个性。草坪开始逐渐枯黄，为来年更为茂密而储备能量。蜡梅在四处绽放，甜甜的香味尽显寒冰下的气节。山茶树形规整，亮绿的叶色下，是或红或粉或白的花。

　　当北风吹过时，灰白的枝干在天空下、在绿树中坚持着，象是线描的画，简单却极有力量。暖暖的阳光下，鸽子缓缓走在枯黄的草地上，是安逸祥和的场面。鱼池边，红鱼们随着美食来回穿梭，却显得悠闲自在。就连盛开的茶花，也只是静静地点缀在极绿的叶片上，像是为自己而开，

没有春天的纷争，没有夏季的热烈，也没有秋季的绚丽。

　　雪天的杭州是寂静的，雪天的花港有着平和下的丰富。草坪上，挺拔的雪松黑白分明连接着天与地，展示自然的伟岸与人的渺小。港道区，青色的山、灰色的树林与平静的水面，尽显山川的灵秀。密林内，绿色的树叶、白色的雪、黑色的树干，显出少有的清新。牡丹亭前，纤美的枝丫、深黑的树干、平整的雪地，是安静而精致的风景。雪天中的梅是最冷艳的。梅影坡上一株古梅独自绽放，有力的枝干、幽然的花香、洁白的雪，结合脚下黑色卵石拼嵌的梅影铺地，表现的是梅的孤傲与雪的纯洁。

　　花港的冬天，色彩最质朴、环境最平和，在最恶劣的天气下却有着万物复苏前的寂静，不争、不闹、不显、不跳，表现着孕育新生命前少有的安逸，却展示出内在极强的力量。

参考文献

[1] 陈波 . 杭州滨水植物造景分析 [J] 农业科技与信息（现代园林），2008，01：14 ～ 19.

[2] 李世葵 .《园冶》贵"因"理论的哲学渊源与实践表现植物造景（哲学社会科学版）[J]. 郑州大学学报，2010，43（02）：147 ～ 150.

[3] 马军山 . 杭州花港观鱼公园种植设计研究 [J]. 华中建筑，2004，22(04)：104 ～ 106.

[4] 宋凡圣 . 花港观鱼纵横谈 [J]. 中国园林，1993，9(04)：28 ～ 31.

[5] 苏雪痕 . 植物造景 [M]. 北京：中国林业出版社，1994.

[6] 唐一萌，朱赛鸿，孟庆山 .《园冶》造园思想中的美学境界钩沉 [J]. 建筑与发展 2009，S5：169 ～ 171.

[7] 徐晓蕾 . 北京与杭州滨水植物及植物景观研究 [D]. 北京：北京林业大学，2007.

[8] 应求是 . 浅析《园冶》在花港观鱼植物造景中的传承和发展 [C]. 中国风景园林学会 2011 年会论文集（下册），2011：621 ～ 626.

[9] 应求是 . 西湖小水域滨水陆生植物造景艺术探析 [C]. 中国风景园林学会 2010 年论文集（下册），2010：920 ～ 924.

[10] 张法 . 计成《园冶》的园林美学体系 [J]. 四川外语学院学报，2006，22(5)：75 ～ 79.

[11] 张慧，夏宇 . 杭州花港观鱼公园植物景观探析 [J]. 现代农业科技，2010，17：233 ～ 236.

[12] 张燕 . 山阴道上 宛然镜游──论《园冶》的设计艺术思想 [J]. 东南大学学报，2001，3(01)：76 ～ 81.

[13] 朱钧珍 . 中国园林植物景观艺术 [M]. 北京：中国建筑工业出版社，2003.